U0168415

本书系重庆邮电大学引进人才基金项目"城乡融合发展背景下的公共艺术应用研究"（项目批准号：K2021-179）的最终成果

北京城市
空间艺术
（1978—2018）

李小川　著

RESEARCH ON ART
IN THE URBAN SPACE
OF BEIJING

(1978-2018)

中国社会科学出版社

图书在版编目（CIP）数据

北京城市空间艺术：1978—2018 / 李小川著 . —北京：中国社会科学出版社
2024. 4

ISBN 978 - 7 - 5227 - 3346 - 3

Ⅰ. ①北…　Ⅱ. ①李…　Ⅲ. ①城市规划—空间规划—研究—北京—1978
2018　Ⅳ. ①TU984. 21

中国国家版本馆 CIP 数据核字（2024）第 065746 号

出　版　人	赵剑英
责任编辑	郭曼曼
责任校对	韩天炜
责任印制	王　超

出　　版	中国社会科学出版社
社　　址	北京鼓楼西大街甲 158 号
邮　　编	100720
网　　址	http://www.csspw.cn
发 行 部	010 - 84083685
门 市 部	010 - 84029450
经　　销	新华书店及其他书店

印　　刷	北京明恒达印务有限公司
装　　订	廊坊市广阳区广增装订厂
版　　次	2024 年 4 月第 1 版
印　　次	2024 年 4 月第 1 次印刷

开　　本	880×1230　1/32
印　　张	7.625
字　　数	153 千字
定　　价	45.00 元

目　　录

导言　城市空间艺术
发展小史

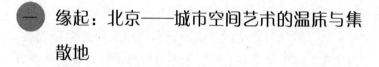 缘起：北京——城市空间艺术的温床与集
散地

　　新中国的成立已经跨过 70 周年。北京作为中国的首
都，这座城市空间中艺术的呈现从新中国成立第一天起便
被纳入宏观视野下的综合性考量之中。邓小平最早把改革
称为中国的第二次革命，改革开放四十余年的历程中，北
京经历了高速的城市发展和深刻的文化变革。

　　在北京城市空间中进行的艺术创作，与中国传统书斋
中完成的文人书画及西方画室中、工作室中完成的架上绘
画、雕塑和设计均是不同的。在城市空间中的艺术创作行
为本身发生之前，另受到政治、经济、城市规划等诸多因
素的考量，所以这不单纯是美术史和艺术自身现象的问
题。但这种在城市空间中进行的创作与表现，最重要的就
是对艺术的关注、对审美的关注和对社会公众的关注，否

1

则它只是一种单纯城市建设的物质化行为。

当下学界对于艺术进入城市空间后所产生的问题及针对此进行的研究相对薄弱（国际与国内均是如此），不论是研究数量上还是方法上都远逊于美术史上其他方向和时段。经过收集文献和梳理后，笔者认为在本研究领域的产出中，案例研究最多，艺术批评次之，理论性研究较少，而能对一个具备一定体量的地域做系统的、多角度的理论研究的成果则又少之。艺术的叙事语言和接受群体的变化均是20世纪以来重要的研究关注点，艺术进入公共空间后，其天然地与公众所产生的联系决定它要被众口调适，但这个过程中由谁来主导艺术的最终形貌和功效？是权力机构，赞助人，艺术家，批评家，抑或是公众？可见艺术进入城市空间后所面临的问题不是单一学科的方法论可以驾驭的，这也为研究增加了难度。

本书的选题是基于以上的认知和思考而形成的，不论是20世纪以来艺术看似更多元化的转向还是当今社会与艺术所产生的更直接的联系，笔者都希望在前辈学者的研究成果基础上，将自己所拥有的碎片化的灵感和问题集结起来，对1978—2018年北京城市空间艺术做一整体的研究。

因此本书的研究意义如下。

第一，试图呈现和总结1978—2018年北京这座城市空间中艺术的实践成果和经验教训，这为当下艺术介入城乡建设和艺术融入社区生活提供了背景研究。从生活在城市中的直观体验来看，现代城市的存在和发展离不开艺术，艺术也已经不仅仅作为城市中简单和附加的装饰物、美化物而存在。在当下首都北京的发展中，让这里成为兼具国际都市化的、保有千年古都历史感的以及美丽和宜居的城市是社会各界所希冀的。在这其中梳理新中国成立以来北京城市空间中艺术的生长脉络，特别是找出已经成为经验教训和发展理路的问题，这将对今后城市解决所必然面对的问题提供帮助。

第二，以艺术的视角去对城市的变迁、文化的更迭、生活的转变作以研究，这为当代城市研究提供视角和依据。当下我们所接触的公共艺术作为一种艺术形式，却不仅限于创作者的自我表达，同时亦兼具政治意识形态的下达，经济支持者要求的传达，创作者所接受之观念、所顾及之人群的集体意识的表达；等等。所以，艺术学领域和其他学科在此的交流，不仅是提供图像上的见证辅助，而且是目前多元化趋势下进行理解、研究的重要视角。

第三，对艺术走出博物馆、美术馆进入城市公共空间这一转向的关注为艺术史研究提供依据。须知，以上转向的发生和发展都不是横空出世的，并且这种转向也并非在时间上相互对应。如前所述，这些转变的发生离不开艺术以外的世界，社会、政治、经济等都是它们生成的大背景。当某一种因素（比如政治、市场）占据常规以外的绝对位置时，或许艺术的性质在其中也会变化，这虽是艺术相关人员往往所不愿意看到的，但这种状况不是意外，也并非鲜见。所以，对此予以直视、分析和研究，会为20世纪以来艺术史的研究提供有用的依据。

第四，对改革开放以来北京城市空间艺术的再审视，并为下一（数）个十年的城市发展和艺术实践作以理论上的探索。其实不只是北京，当下中国一定数量的城、乡、村都在按照宏观的调控和具体的对策进行发展，用艺术的方式去进行活化和创新，这种思路在进入2000年以后就被正式纳入国家政策法规。尊重生命、尊重历史、尊重生态，这要求我们面对研究对象做出真诚和深入的研究，敢于提出这段研究时间中的问题和教训，找出现象之下的本质而不是简单的罗列，这样可以更深入地去理解这一时期城市空间中的艺术状态，也将为之后的相关探索做出铺垫。

 北京城市空间艺术研究综述

本书所选取的文献材料来源可归纳为四个方向：关于城市的研究、城市艺术的研究、新中国成立后城市空间中艺术的研究、新中国成立后北京城市空间艺术的研究。首先，由于城市已成为当代人类社会生活所必需的主体，因此关于城市的研究有来自不同学科的切入点和研究方法，如社会学、地理学、经济学、建筑学、城市史学等。当然，研究的视角也是在不断更新的，这就使针对城市的研究正日益成为跨学科和多重视角研究的领域，因此本书首

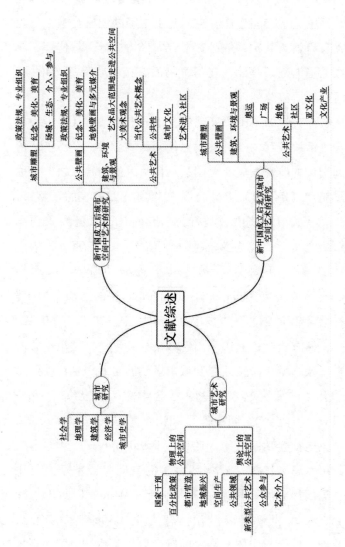

图 0.1　文献综述思维导图，笔者绘

先把着眼点放于城市，尤其是社会学角度对城市的研究上，其中关乎空间生产、空间与资本等的理论对本书的写作犹有启发。其次，依后三个方向尽力进行文献梳理，使其在范围上逐渐收缩，在与本书的直接关联上逐渐增强，最后形成研究综述。

从社会学的角度研究城市，倾向于把城市认知为人类社会生活所依存的一种共同居住的区域形式，经历了从传统到当代的研究发展。美国芝加哥学派的创始人之一罗伯特·帕克（Robert E. Park）在 1916 年 3 月发表的《城市：对于开展城市环境中人类行为研究的几点意见》中提出城市研究是"借鉴、又有别于动植物的生态学研究的人文生态学"。1925 年，帕克与伯吉斯（Ernest W. Burgess）、麦肯齐（Roderick D. McKenzie）主编《城市》，美国社会学年会设立了"城市社会学"部。20 世纪 60—70 年代，西方资本主义国家出现城市社会危机，城市中心的衰败现象、城市阶级斗争和城市运动的爆发等事件促使城市社会学的研究转型。法国社会学家列斐伏尔（Henri Lefebvre）提出"空间生产"理论，考虑空间与社会的关系；英国社会学家大卫·哈维（David Harvey）从地理学背景出发思考作为"建构环境"的空间与资本主义再生产；英国社会学家曼纽尔·卡斯特（Manuel Castells）注意到进入 20 世纪 80 年代后信息技术为城市带来的变化，以及虚拟社会与实体社会之间所产生的关系；美国后现代城市地理学家爱德华·苏贾（Edward W. Soja）坚持用一种后现代视野对空间进行第三视角的处理。当下，城市社会学的研究出现了更多的触角并更为细化，并且国际学术界对中国城市的研究数目亦在增加。

　　而对于城市空间艺术的研究，本书所涉及的城市空间包括城市物理上的公共空间和舆论上的公共空间，从世界范围来看，针对此的研究也分为这两条线索。对作为物理上的城市空间中艺术的研究始于城市中事件的发生以及政府对此事件所作的相关反应，而艺术活动在其中起到了一定作用。

　　从现在公认的现代城市公共艺术的缘起——20世纪上半叶墨西哥壁画运动和美国罗斯福新政——来看（后者受前者影响深远），研究亦随着事件的发生而产生。美国20世纪30年代罗斯福新政中对艺术的公共赞助开启了美国国内大规模的政府出资在公共场所和联邦建筑中委托艺术作品的模式。对于新政及新政影响下而产生的研究，笔者认为在时段上可以划分为：20世纪30—50年代①、20世纪60—70年代②、

————————

　　①　20世纪30—50年代的直接经历者或以城市中联邦建筑、邮局这些公共场所需要的壁画委托件为对象，或以美国政府相关艺术执行部门的组织架构和管理为对象，或以艺术委托件中的风格（如抽象表现主义）为对象做出相关研究。

　　②　此外，在20世纪30—50年代作为在新政中成长的一代，成为在60年代以新政为博（硕）士学位论文的学者或（及）受NEA（国家艺术基金）相关研究项目赞助以新政为研究课题的学者，如弗朗西斯·欧康纳（Francis V. O'Connor）组织了全国第一个关于新政时期艺术项目的展览并有著作《新政与当下》（*The New Deal and Now*，1969）、《新政艺术项目：回忆录选集》（*New Deal Art Projects：An Anthology of Memoirs*，1972）、《为百万人的艺术》（*Art for the Millions*，1973）。

20 世纪 80 年代后①、20 世纪 90 年代后②。

对作为舆论上的城市空间中艺术的研究则有社会学方法的铺垫。美籍哲学家汉娜·阿伦特（Hannah Arendt）《人的境况》（1958）中对公共和私人领域进行追溯和划分（在研究方法上同时涉及社会学、政治学、历史学、人类学等诸多领域的视野和知识）、尤尔根·哈贝马斯（Jürgen Habermas）《公共领域的结构转型》（1961）的研究对象是"资产阶级公共领域"，从起源、社会结构、政治功能、观念与意识形态上讨论公共领域在社会和政治功能上的转型。二者虽然不是直接讨论艺术问题，但是论著中对人（们）所具备的"行动"能力的肯定和投身"公共领域"对现代社会进行改变的思想，为研究艺术与空间、艺术与社会的关系打下了重要的理论基础。

美国艺术家和公共艺术学者苏珊·蕾西（Suzanne Lacy）主编《量绘形貌·新类型公共艺术》（1995）提出

---

① 这一时期的研究主要针对新政做以回顾与总结，以及对 20 世纪 60 年代开始的艺术赞助的模式经验与争议做出判断与回应，这时期的研究数量激增，并且加入了对艺术与公共政策的关注，如玛格丽特·维索米尔斯基（Margaret Jane Wyszomirski）和朱迪斯·巴尔夫（Judith Balfe）撰文《公共艺术与公共政策》（*Public Art and Public Policy*）。另有如帕特里夏·菲利普斯（Patricia C. Phillips）的论文《暂时性和公共艺术》讨论艺术家和代理机构在城市中进行暂时性的艺术创作。

② 新政及之后的 50 年国家对艺术的公共赞助被作为公共艺术研究中的一个方向和论题，此外对于公共艺术的永久性与临时性、公共空间与虚拟空间、新类型公共艺术、公众的回应和参与等问题都生发出更多关注点。以上①—④内容均来自笔者已发表论文：李小川《美国政府与艺术——新政及之后的 50 年》，《天津美术学院学报》2018 年第 6 期。

了有别于传统陈列在城市空间的雕塑的"新类型公共艺术";法国艺术理论与批评家卡特琳·格鲁（Catherine Grout）的《艺术介入空间：都会里的艺术创作》（2002）认为艺术介入空间不是指艺术仅仅作为城市规划中某一个点位上所需的雕塑或壁画，而是由艺术家以自己的创作主张为出发点构思在城市空间中的作品，这些作品以社会问题为导向，脱离了固定的表现形式并寻求引起公众的注意和参与，而这种人与他人、人与作品发生的关系则产生公共意义。

另外，以上两条线索的研究也逐渐产生交会，美国艺术史学者米切尔（W. J. T. Mitchell）在其文章《公共艺术的暴力：做正确的事》中以 1988 年在北京大学校园留下的一张雕塑图片为起始，反思公共艺术（不论中国还是欧美各国）一旦走出（艺术世界）相对封闭的空间后势必会与公共空间这个物理场所、公共领域这个言论场所发生联系，并不可避免地受国家法律、政治的操控①。米切尔在文章中引用凯特·林克尔（Kate Linker）的批评性文章《公共雕塑：对愉悦和有利可图的天堂的追求》（"Public Sculp-

---

① 米切尔针对这个问题，提出了公共艺术与暴力之间的关联并不是一个新产生的论断。对于美国 20 世纪 90 年代前大城市中的一些公共艺术作品，米切尔指出超现实主义、表现主义和立体派等流派的作品在此沦为公共空间的装饰，即"如果传统的公共艺术确定了某些经典风格适合于公共形象的体现，那么当代公共艺术便已将巨大的抽象作为其可接受的标志"。W. J. T. Mitchell, *Art and the Public Sphere*, Chicago：University of Chicago Press, 1992, p. 33.

ture：The Pursuit of the Pleasurable and Profitable Paradise"）中的观点，反思上述公共空间中的艺术作品"不需要与它所服务的公众、所占据的空间或所崇敬的人物有任何标志性或象征性的关联"，而只是那些企业的"小玩意儿"。

在谢尔·克劳斯·奈特（Cher Krause Knight）和哈莉·西奈（Harriet F. Senie）主编的《公共艺术指南》（2016）里可以看出，大家对公共艺术的理解深度和讨论边界一直在扩展和深化，并且逐步建立了几个固定的方向（如对传统的纪念碑及其背后历史、社会、人性的讨论，对场所及所涉及的政治、人群的讨论，观众参与的介入，等等）。另外，还有处于当下美国社会主流讨论的涉及艺术与时间、记忆、对话、赞助、市场、媒体的问题。

另外，同为亚洲国家的日本，其公共空间中的艺术形式发展历程是从二战前菩萨和历史人物造像，发展到战后统称为"公共雕刻"的"野外雕刻"和"环境美术"，直至20世纪90年代，日本才开始进行大规模的都市开发和形成建筑风潮并从美国引入形式多样的"公共艺术"。因此，日本对城市空间中艺术的研究在20世纪80年代末90年代初也开始活跃了起来。杉村庄吉创办公共艺术研究所（PA）①，建筑杂志SD（*Space Design*）在1992年11月出版特辑《艺术创造的公共空间》（アートがつくる公

---

① 公共艺术研究所（PA）从1991年开始举办"公共艺术研究会"，并随后发展为"公共艺术论坛""公共艺术论坛·地域美产研究会"，致力于介绍、普及、推进日本的公共艺术。

共空间），介绍本领域中西方的艺术家、艺术作品和艺术项目。① 此外，在 90 年代涌现出的从事日本公共艺术研究和公共艺术项目的人员还有南條史生、北川富朗、竹田直树、樋口正一郎等。

以上这些研究，绝大部分在 20 世纪 90 年代后随翻译的热潮进入中国（有些同时有国内译本和台湾译本），对中国研究者产生了不同程度的影响（并在他们的著作中常有体现）。

对于新中国成立后城市空间中艺术的研究，笔者在此按照艺术类别分为：城市雕塑，公共壁画，建筑、环境与景观，公共艺术（公共艺术作为学科在 2000 年后陆续增长于国内高校）四大方面。

其一，本书归为城市雕塑类别中的如下。

盛杨主编的《20 世纪中国城市雕塑》（2001）的记录范围是 1900 年至 2000 年间有关雕塑和中国城市雕塑的图文集，其中收录千余张图像资料（第二版较第一版有增减）以及大事记、理论文章、图片说明等文字内容，是一部以时间为序并分时段归纳总结的 20 世纪中国城市雕塑历史。从该书的时段划分来看（1900—1949 年；1949—1966 年；1966—1980 年；1980—2000 年），呈现20 世纪中国城市雕塑的方式是紧贴国家政治、经济发展

---

① 其中南條史生的论文《艺术创造的公共空间中》讨论了日本在泡沫经济的余波后美术馆市场低迷，公共艺术这种外来的、放置在公共空间中的、面向公众的艺术形式在城市的建设中脱颖而出。

轨迹，并以城市规划纲要为执行思路。书中甚少提及"公共艺术"的相关语汇（17 篇理论文章中有孙振华的一篇论文《公共艺术的权力问题》），既说明了 2000 年前后"公共艺术"概念进入中国时间不长，也说明了近年来在"公共艺术"语汇相对普及的过程中，虽然更多研究者倾向将城市雕塑以及建筑、景观环境、城市壁画等作为公共艺术的呈现方式，而其实在 2000 年以及更早的时期，城市雕塑一度占据了所谓城市空间中具有公共性的艺术的代表地位，而从事城市雕塑的艺术家和城市规划的相关指导者则认为城市雕塑是中国公共艺术发展的"本源"。孙振华《中国当代雕塑史》（2018）中，把中国现代雕塑的开始定为 1911 年，以 1979 年中国进入改革开放为结束；把中国当代雕塑的开始定为 1979 年，并一直持续到当下。其中，在进入 2000 年以来的讨论后，孙振华开始涉及场域、生态、介入、参与等议题。国内的这类研究与目前全球范围内艺术的发展和研究进度基本是持平的。此外另有图册类的如陈培一编著的《雕塑·城市》收录了从国内 100 座城市中选取的城市雕塑和建筑。

其二，本书归为公共壁画类别中的如下。

于美成等著《当代中国城市雕塑·建筑壁画：1978—2002》（2005）把 1978—2002 年，这 25 年作为中国城市雕塑·建筑壁画的"新时期"，依旧延续着一种"新的艺术创造符合国家政治经济转向、发展轨迹的呈现"的叙述观念。此书收录城市雕塑和建筑壁画两种形态的艺术，并把二者归属为"属于公共艺术形态，是与架上雕塑、绘画相对的概念"。笔者认为，这一方面体现了机构中从事壁画领域创作和研究的人员对壁画创作在城市空间中逐步展开和发展进行梳理研究并得到相应成果，故而在再次对公共空间中艺术创作的多样化进行反思、对"公共艺术"概念逐渐接受后将城市雕塑和建筑壁画共同纳入"公共艺术"范畴的这样一种行为；另一方面，也预示着在 21 世纪后，对城市空间中的艺术的创作会出现更多的形式，对"公共艺术"概念会有更多的阐释与反思。

论文类如缪琳《中国地铁站装饰壁画研究》、王岩松《媒介多元介入的壁画形态研究》，都是近年来以地铁空间中的（公共）壁画为对象进行研究。

其三，本书归为建筑、环境与景观类别中的如下。

鲍诗度等著《城市公共艺术景观》（2006），杨晓著《建筑化的当代公共艺术》（2008），郝卫国、李玉仓著《走向景观的公共艺术》（2011），季翔著《建筑·公共艺术》（2015），等等，是来自建筑、环境（设计）、景观（设计）等学科领域的学者在"艺术品大范围地走进公共空间"这种趋势下，对其领域中的艺术创作所做出的思考。

其四，本书归为公共艺术类别中的如下。

袁运甫著《有容乃大——论：公共艺术 装饰艺术 美术与美术教育》（2001）是讨论公共艺术、装饰艺术、美术和美术教育三方面的著作汇编，定义与分析中国古代的公共艺术遗产与当代公共艺术实践。作者继承和引领了一条基于（现代）设计理念为本质的，弘扬"当代中国气派"的，多学科交叉的以人民大众共享为本的公共艺术创作和治学理念。这和城市雕塑管理系统所受统辖的国家、城市规划理念及艺术创作思路是属新中国公共空间中进行艺术创作的两条线索，其所追求的目的是相同的。

翁剑青著《公共艺术的观念与取向：当代公共艺术文化及价值研究》（2002）提出"当代公共艺术概念"并从社会政治、经济这一动态的大背景中提取公共艺术概念的动态性质。本书所拟要研究的公共艺术内涵（北京城市空间中的艺术）和时期范围（1978—2018），皆延续着这种动态的公共艺术观念。本书讨论城市与公共艺术的关系，超出了公共艺术是存在于城市广场、公园、街道、社区等物理空间中的艺术形态这种简单的逻辑关系，而是将公共艺术与现代化、城市化进程中产生的联系以及应起到的职能进行研究。翁剑青另著《城市公共艺术：一种与公众社会互动的艺术及其文化的阐释》（2004），兼具理性与感性地呈现了人文社会学科对城市的研究。基于此书对公共艺术、当代艺术的功能、范畴的定义，笔者认为对本书将要进行的研究，既要基于一个大的时代和社会背景，援引城市社会学、人类学、历史学等学科领域的知识和方法论，又切不可脱离或忽略艺术史。翁剑青2016年出版的《景观中的艺术》又更多着眼于当代城市景观和公共艺术（的理论和实践）两方面及其相互关系，观察它们与城市和社会衍化的相互关系。

孙振华《公共艺术时代》（2003）亦是国内较早一批对西方公共艺术概念来源及其理论的发展，以及经典、多元的艺术案例有比较深刻的理解和自我观点的著作。孙振华、鲁虹主编《公共艺术在中国》（2004）是会议文集，此论坛分为"公共艺术的基本理论研究"和"公共艺术的形态及案例研究"两类，是公共艺术进入中国后的一次具有开创意义的学术研讨会。

王中主编《奥运文化与公共艺术》（2009）是比较典型的产生于"后奥运时代"的文集。北京这座城市在亚运会、申奥成功以及奥运会举办的这些国家级体育盛会的节点，建造了一定数目的城市雕塑艺术（有的出于建造地点原因形成了雕塑公园），由此也引发了来自政府相关部门官员、艺术理论家、艺术家、城市雕塑相关从业人员等的讨论。从该书来看，"公共艺术"这一词语已经全面地进入论文书写中，国内对"公共艺术"在美、欧、日、韩等国家和地区，发展概况、政策也有了一定数量的引进和认知，并逐步形成了来自不同领域和岗位的人员进入"公共艺术"领域进行共同研讨的学术圈子，并一直延续至今。

李建盛著《公共艺术与城市文化》（2012），强调现代城市空间中的公共艺术作品是一种历史性和文化性的存在，而不仅仅是单纯的物理空间中的存在。这本书是国内进入 21 世纪第一个 10 年以来援引西方既成理论、解读经典案例和思考中国公共艺术问题这类著作中材料相对扎实和集大成者，其中援引的很多西方理论在如今还没有译文，所以只是零星被国内相关研究者阅读和使用。

社区中公共艺术的议题受前文所提到的苏珊·蕾西主编《量绘形貌·新类型公共艺术》（2004）影响，首先在中国台湾产生比较多的反响和在这种艺术理念之上进行的本土化研究，如曾旭正《打造美乐地：社区公共艺术》（2005）、吴玛俐《艺术与公共领域：艺术进入社区》（2007）（苏珊·蕾西《量绘形貌·新类型公共艺术》即是吴玛俐组织翻译），大陆则有靳超、朱军《社区公共艺术与景观小品》（2014）和社区艺术等主题论文，时间上集中出现在2010年前后。

另有论文如郭媛媛《论城市公共艺术的心理学特征分析》、王峰《数字化背景下的城市公共艺术及其交互设计研究》等用传统艺术史方法论之外其他学科方法来研究城市公共艺术的文章出现，这类文章近年来日益增加。

对于新中国成立后北京城市空间艺术的研究，笔者同样参考了前一部分以艺术类别划分的方法。

其一，本书归为城市雕塑类别中的如下。

图册类如宣祥鎏主编《北京城市雕塑集》（1992）、北京市规划委员会主编《新北京　新奥运——体育雕塑展》（2001）、2002中国北京·国际城市雕塑艺术展组织委员会编《交流　融合　超越——2002中国北京·国际城市雕塑艺术展实录》（2002）、李晓强主编《北京国际雕塑公园》（2003）、于化云主编《北京国际雕塑公园作品集》（2004）、北京市规划委员会编《北京奥运公共艺术·城市雕塑方案集》（2006）、马日杰著《开放的空间——北京新公园图片库》（2010）等。

著作类如北京市规划委员会主编《雕塑北京——北京城市雕塑55年经典作品》（2005）将1982年赴欧考察的雕塑家刘开渠等四人提出的"城市雕塑"概念作为叙述对象的主语。这本书以叙事为线索，以发生在首都北京的政治、经济政策以及国家级的大型活动等事件作为线索上的重要节点，对1949年至2004年以来的北京城市雕塑做以综述。书中用大量影像资料对坐落于北京市内公共空间中的雕塑作品给予了分主题（分别是：主题纪念性、景观环境、组群景观）的归纳和呈现。

论文类如于化云、殷平《北京城市雕塑的现状与展望》、殷平《北京城市雕塑规划管理探讨》、李涛《北京城市雕塑规划编制方法与管理机制初探》是从城市规划者的角度去谈规划方法与问题；吴洪亮《北京雕塑六十年》是对1949年至2009年这60年间北京雕塑的总结，文中分为两条线索（广场纪念雕塑—城市雕塑—公共艺术；架上雕塑理念与形态的变化），四个时期（1949—1966年；1967—1978年；1979—1999年；2000—2009年）；另有如晁立华《北京城雕劣作点评》这样对城市雕塑劣作的揭示。

其二，本书归为公共壁画类别中的如下。

论文如孙景波《北京壁画 60 年——兴亡继绝，走向复兴的历程》梳理了 1949 年至 2009 年间以国家大事为转折点各个时段的壁画作品，彭楠《北京地铁壁画考察研究》则是梳理了 20 世纪 60 年代开始北京地铁建设中的壁画作品，其中涉及风格、材料、空间关系和与公众互动等问题。随着北京地铁线路的增加和延伸，相应的地铁壁画作品以及作品与各站的关系、与公众的互动问题就得到了重视，这类文章目前数量也正在增加。

其三，本书归为建筑、环境与景观类别中的如下。

论文如苏滨《北京城市景观：怎一个"乱"字了得》收录了俞孔坚、翁剑青、朱尚熹、王中等对城市景观问题的谈论；徐萌笛《探析北京当代公共艺术与建筑的交融》解读了近年数个北京地标建筑"公共艺术化"的过程，这类文章在近年来随着景观、环境（设计）、建筑案例等纷纷（被）公共艺术标签化，数量也在增加。

其四，本书归为公共艺术类别中的如下。

北京城市雕塑建设管理办公室编《王府井商业街皇城根遗址公园：城市雕塑与公共艺术》（2002）的出版背景是对 1999 年至 2002 年 3 期王府井改造工程中城市雕塑和公共艺术部分的总结和呈现。21 世纪前十年，北京的老街道拆迁、改造是一个高峰期。

时向东著《北京公共艺术研究》（2006）是基于其博士学位论文出版而成。这本书是站在彼时中国的城市建设与中国的公共艺术间的"平台与实践""时局与观念"的这种相互关系的前沿领域做思考和研究的。作者选择以一个具体的、特殊的城市——北京入手，研究彼时大的社会发展背景下的中国公共艺术，这种出发点与笔者有些不谋而合。通读此书后，笔者发现，书中分别用横向与纵向的比对方法去阐释中与外、古与今公共艺术的吸取、借鉴和嬗变的历程，所以该书作者选择以地域上的相对宏观向相对微观去讨论，因此该书篇幅中实际上讨论公共艺术的源流和发展、理论研究这些大的概念和问题所占的比例也较多，并由此带动对北京公共艺术这部分的研究。

此外，公共艺术类别中又形成了几个具体的研究方向，由笔者总结为以下几方面。

1. 奥运

如北京市规划委员会编《北京奥运公共艺术论文集》（2006）（本系列还有环境实施方案集、城市雕塑方案集）这类著作，从目前回顾，在奥运及奥运前北京的各方准备中，艺术发挥了一定的作用，特别是公共空间中场馆、公园、街道、建筑、活动中都有艺术可以发挥的地方，而公共艺术也确是在2008年前后迎来了政府的特别重视和群众的深入认知，这方面论文如金元浦《奥林匹克运动与城市公共艺术》。

2. 广场

其中，研究北京城市广场公共艺术的论文如李梓昕《北京城市广场公共艺术现状研究》、何涛《北京城市广场规划设计导则研究》、王义《北京城市文化广场环境中

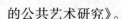

的公共艺术研究》。

3. 地铁

著作类如北京市规划委员会主编《北京地铁公共艺术：1965—2012》（2014）以北京地铁的修建为脉络展示各线路、各站点的建设背景，以及公共艺术在其中的呈现方式。该书认为，北京的地铁从20世纪60年代1号线为起始，一直以内部环境呈现简约、大方、实用的思路为主导。艺术的介入从简单的地铁环境装饰到有内涵的壁画、雕塑、多媒体等形式，是随着首都经济的繁荣、人民物质文化生活的提高为转向的。其中，从领导意志到相关管理部门的委托，再到地铁中艺术部分对外招标，也体现了地铁公共艺术形式多样化的趋势，是与市场分不开的。另外，2008年奥运会的召开，对北京地铁和地铁公共艺术都是一个重要的节点，这种大型的国家事件促进了市场的繁荣以及艺术的发展。

论文有如崔冬晖《北京地铁奥运支线：机场线的公共艺术》（个案研究）、武定宇《北京地铁公共艺术的探索性实践——"北京·记忆"公共艺术计划的创作思考》（个案研究）、张茜和蔡朝阳《北京地铁网络公共艺术发展探析》等。

4. 社区

苏珊·蕾西的"新类型公共艺术"理论把社区中的艺术正式纳入其讨论中心，国内受其影响而关注社区艺术的研究者不在少数。而从城市建设的角度看，国内在近20年也正在自发地进行着厂区改造和社区建设，并且艺术在社区空间中介入和应用的动作也正在增多，从这两者出发，论及社区空间艺术的论文有如曹盼宫《Loft 文化在旧厂区改造再利用中的应用研究》、卓媛媛《北京老旧社区人文景观环境建设研究》、付雷和公伟《"社区艺术"在住区公共空间中的应用研究——以北京回龙观社区为例》。

5. 其他

如一度被视为城市中"亚文化"的活动，论文如樊清熹《后现代视角下的涂鸦艺术研究》、刘春秀《北京涂鸦艺术的创作心理研究》等。

此外，从文化产业角度以及在艺术学领域之外的社会学、人类学领域的研究中，均有针对北京自20世纪80年代以来于郊区、城乡过渡区中形成的新型的文化艺术景观的研究。其中，大致可分为对地理空间中所形成的景观实体如"艺术家聚落""创意文化产业园""艺术区"等的区分和解读；就其背后抽象的功能、内涵、社会认同等方面进行的分析以及对文化产业政策方面的分析。

从以上笔者能力范围内所梳理的研究现状来看，国内外对城市空间中艺术的研究总数目是巨大的，其中一些理论、理念或艺术形式都在不同时间进入国内，并对国内城市产生过影响。

针对北京城市空间艺术的研究如下。

首先，总的数目不小，但是如笔者以上梳理可见，它们是呈类别分布的，诸如对北京城市雕塑或北京地铁壁画等目前均有一定研究成果。

　　其次，虽然已有如时向东《北京公共艺术研究》（2006）这类著作，但是全书在篇幅上有近一半是在研究中外、古今公共艺术概况等，并以此带动余下篇幅对北京公共艺术的研究，笔者认为，北京这部分还留有十分多的余地去研究。

　　再次，相对来说在北京城市空间中较晚出现的艺术理念（如艺术进入社区）或形式（如涂鸦艺术、艺术节日），其实从世界范围来看并不算是新生事物，它们或许是随着国外艺术理念或风格的传入而出现，但在北京这座城市所呈现的面貌、状况是参差不齐的，笔者认为要看到其中的"水土不服"和艺术水准的不同。

　　最后，如前文所述，对北京城市空间艺术的各个类别的研究数量已有不少，但笔者认为目前尚缺乏一个整体思路下的研究，去探讨北京这座城市在改革开放四十多年间，或者延伸至新中国成立七十年以来公共空间中艺术的演变及其背后的动因，这是笔者所希望做到的。

 三　本书涉及的概念界定

　　1. 中华人民共和国首都：1949 年新中国成立后由北平改为北京。

　　作为城市的北京：本书讨论的范围是 1949 年至 2018年的北京，其中主体部分为 1978 年国家改革开放至 2018年 40 年之间的北京。北京的城市规模在不断拓展，随着城市化进程的发展要求，其中如：朝阳区、海淀区、丰台区和石景山区四个近郊区的大部分地区也逐步被认同为市区，周边诸多郊县也先后被改为市辖区。本书涉及的"北京"即为这片随着时间的推移而经历着城乡一体化方向演变的北京，以及为当时政府和民众所界定和认知为"北京城"的区域。

2. 公共空间：与"私人空间"相对立，泛指任何公民都有权进入的地方。结合不同国家的实际情况，哲学、社会学、城市地理学、文化研究、艺术学等领域亦提出理论去批评和论证"公共空间"概念与实际践行状况。

本书所指公共空间的范围：包括物理上的和舆论上的公共空间。物理上的公共空间指北京城内的广场、公园、街道、社区等空间；舆论上的公共空间指一定数量的人集结在一起（现实生活中或社交网络中）以公共媒体进行交往的空间，具备高实时性和到达率。

3. 本书中"公共空间中的艺术"和"公共艺术"：本书所讨论的"公共艺术"是指由英文 public art 翻译而来的词语，public art 一词在英语世界中的通用，本身亦经历了一个时间的过程。本书涉及的公共艺术在中国的出现时间在 20 世纪 80 年代末 90 年代初期，最初是指西方（美、欧）和日本（日语中パブリックアート、公共芸術的来源也是英文 public art）的城市（或乡镇）广场、公园、街道、建筑（外围）等公共空间中由政府委托安置其中的艺术品。事实上，公共艺术的概念不论在国际还是国内都一直不断变化和延伸，因此本书所讨论的公共艺术也随着书中具体的时间和地点进行着变化。

本书所讨论的"公共空间中的艺术"与"公共艺术"是不同的。首先"公共空间中的艺术"在时间上设定为1978年至2018年，指的是1978年以来北京公共空间中的艺术（但作为背景铺垫，本书第一章内容为1949年至1978年间艺术在北京城市空间的状况），如城市雕塑、城市壁画、景观艺术、环境艺术、多媒体艺术等。本书选择用"公共空间中的艺术"而不是"公共艺术"的原因在于后者的出现时间较晚，虽然目前很多著述中选择用"公共艺术"泛指所有时期的公共空间中的艺术，但本书将二者做出区分，如街头、公园空间中落成于20世纪80年代初期的雕塑则直接用"城市雕塑"一词而不是"公共艺术"。

四 主要结论与创新点

（一）主要结论

1. 通过梳理与揭示北京城市空间的嬗变（包括物理空间与舆论空间）、政府对城市规划政策的导向及每段时期内艺术案例的创作观念与形态迭变，可以看出北京城市化与城市空间中艺术的发展历程和介入深度是相辅相成的。

2. 1978年以来，艺术在北京城市空间中的实践与发

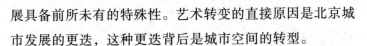

展具备前所未有的特殊性。艺术转变的直接原因是北京城市发展的更迭，这种更迭背后是城市空间的转型。

3. 本书认为艺术在北京这座城市的发展经历了一种节点式与波浪式的演变。本书以将大型公共事件作为节点的分期方式规避了囿于艺术内部的分门别类，将艺术囊括于全社会发展的视野下进行分析，然而又不能局限于机械地分期概括，不同面貌的艺术在城市中得以留存，背后有政治、经济、文化等多方面的推动。

4. 城市公共空间中的艺术面貌受国家宏观调控、城市规划策略、市场经济体制和艺术发展的自律性因素而发生变化，正是单一元素的打破促使艺术逐步呈现出多元化特征。作为艺术接受者的公众一环被纳入整个艺术链条中，艺术在精英文化之外产生出日常生活化特征。

5. 暂时性的艺术在 2000 年后再次出现，但前后两次的本质不同。

6. 本时期内北京城市空间中的艺术在从宏大叙事向日常生活进行蔓延。

（二）创新点

1. 本书对 1978 年至 2018 年北京城市空间中的城市概况、发展思路、艺术政策、艺术作品以及相关的艺术理论、理念、趋势、问题等进行了详细的梳理与分析，初步完成了对本书研究对象的整体性、多角度的研究。

2. 本书对艺术的演变历程、方式、现象及其背后受权力、资本、艺术专业性三者的联动方式影响等诸多因素进行了综合的考察，揭示了背后的演进动因，改变了以往研究中对本研究维度的片面与片段性，为从艺术的视角去对城市变迁、文化更迭、生活转变进行研究提供了新的思路。

3. 本书第一次较为系统地总结了近40年艺术在北京城市空间中的转变历程，以及艺术观念、政策法规的本土化发展和中西相关理念的交会与融合。

4. 本书从大量历史文献、档案资料、相关图件的收集分析，以及笔者直接参与的专家访谈中挖掘出了关于中国本土公共艺术概念、政策法规、创作经历中的新材料，可以为今后的相关研究提供依据。

第一章　缘起与背景：北京城市
空间中的艺术状况概述

　　本章为整本书的背景章节，将重点概括并呈现 1949 年至 1978 年期间艺术在北京城市空间的状况。1949 年开始，更迭后的新政权亟待深入国家机器运行的各个零件中去，使中华人民共和国在中国共产党的领导下恢复到和平的状态中并开启全新的发展道路。

　　本章首先梳理这个时期内北京城市的物理空间变化，包括行政区划的迭变、城市规划路线和重心的改变与城市基础建设的进程，并且，同时关注城市舆论（特别是与艺术相关的舆论）导向变化。在此基础上，本章将探讨什么样的艺术可以并以什么方式进入城市空间，这时哪些城市公共空间对艺术开放，艺术作品又以什么样的形态呈现。通过理解这些问题，本章将投入对之后从 1978 年改革开放到 2018 年间的北京城市空间艺术的研究中去。

一 作为中华人民共和国首都的北京概况

（一）1949—1978年北京城市物理空间概况

从1949年新中国成立起，就确认北京这座古城与旧都作为新中国的首都而存在。北京这座城市在20世纪上半叶发生了巨大的变化，并且一直处于城市建设的活跃状态中。自1949年作为新中国的首都开始，学者便将它的前身看作凝聚着封建王朝和中华民国时期城市现代化进程的一个节点，此前北京经过一系列的基础改善和规划建设活动后，逐步在城市的物理空间和文化空间维度上完成了从封闭到相对开放的进程[①]，另外，北京未来的城市建设（尤其作为首都的建设）方向是如何，设想又是如何，在1949年后立刻成为最为实际的难题。

基于对中华民国时期北京（北平）城市形态的转变以及功能区域形成来看，住宅区、工业区、休养区、高等教育区在城市中的区位和划分基本成为中华人民共和国首都北京基于建设和发展的雏形。然而，站在新中国成立初期首都建设者的立场来看，之前的国民政府是"留下了破烂摊子"。[②]

---

① 王亚男：《1900—1949年北京的城市规划与建设研究》，东南大学出版社2008年版，第199页。

② 张敬淦主编：《建国以来的北京城市建设资料：第一卷城市规划》，北京建设史书编辑委员会编辑部1987年编印。

从 1949 年 1 月北京和平解放至 1959 年新中国成立初期的十年时间内，北京的市界历经 5 次变更，行政区划历经 9 次较大的调整。十年间，北京的行政区数量从 1949 年的 20 个区变为 17 个区。[①] 1960—1962 年，各区经合并、划分后更名为东城、西城、崇文、宣武、朝阳、丰台、海淀、门头沟区，郊区更名为昌平、顺义、通县、大兴、房山、延庆、怀柔、密云、平谷县。1963 年增设石景山办事处，1967 年更名为石景山区。

1949 年至 1978 年，北京市的规划经历了 5 个阶段，可以概况为：新中国成立初期恢复与发展—苏联专家协助研究阶段、1953 年至 1957 年第一个五年计划阶段、1958 年开始加快发展阶段、1966 年"文化大革命"开始城市规划暂停执行阶段、1976 年后逐步调整阶段。

其中，第一个五年计划时期确立了以旧城为中心和市区边缘两大部分的职能，其中：旧城区作为首都行政中心，西郊、西北郊、北郊以机关、事业、学校、科研单位为主；东郊建国门、三里屯地区以外国使馆、外交公寓为主；东郊通惠河及以南工业区以机械、纺织、化工为主；

---

① 行政区名称从按数字顺序的"第一区、第二区……第二十区"在 1950—1951 年经调整变更为"第一区、第二区……第十六区"，其中第 1—9 区为城区，第 10—16 区为郊区；在 1952—1955 年经调整变更为城内的东单、西单、东四、西四、前门、崇文、宣武和郊区的东郊、南苑、丰台、海淀、石景山、京西矿区；1956 年将原属河北省昌平县以及 1958 年将河北省通县、顺义、大兴、良乡、房山县和通州市、平谷、密云、怀柔、延庆划归北京，基本形成了目前北京市界的范围。参见《十年来北京市行政区划变动情况》，北京档案馆新馆常设展《档案见证北京》。

南郊以化工、皮革、木材业为主。市区边缘规划为石景山（钢铁厂）、西苑（风景区）、清河（纺织建材工业）、酒仙桥（电子工业）、定福庄（机关、事业、学校）、堡头（炼焦化学工业）和南部丰台（铁路设施制造）、衙门口、南苑卢沟桥地区（机械、电机工业）。以上规划基本形成了之后30年内北京城市发展的格局。

在1949年至1978年，北京经历了城市大规模的改造，其间完成了天安门广场的改建、国庆十周年十大工程的建设、大型公共建筑和大型设施的发展、新建住宅和住宅小区的落成等，此外，还有工业的过快发展带来的工业区建设，并且与此同时带来的居民生活问题。这些当时即显现的问题和潜在的城市问题，部分在政府总结中立刻被提出和修正，部分则在1978年后首都开展的新规划路线下进行改善，有些问题一直延伸到当下。

文本涉及的概念界定是讨论一个在城市化进程中不断变化着的北京。在这个作为国家中心的大型城市中，城市发展的一个显性状态呈现为郊区的逐步市区化，以及周边郊县的辖区化。而这种可以归纳为"市区—城乡过渡区（带）—乡村"的景观，在本书中随着叙述时间的推移，指代当时被界定和认知为"北京"的城市区域。

其中，对于城市公共空间中艺术的关注与规划并没有在新中国成立之初就明确和具体地提出。从1949年至1978年的几次北京城市建设总体规划方案和中央对此的总结与反思来看，城市规模过大、发展过快为北京的建设带来了问题，也给居民的基本生活带来了影响。因此，在这个阶段我们无法独立于城市规划与建设之外单独谈及艺术，也不能紧盯一件或一类作品单独就其形式或风格而论，因为这时艺术的呈现环境需要城市中各种空间的接受，艺术家也急需更多的城市空间可以提供给艺术作品来进行展示，而这种空间的类型与内涵本身也未尝多见。另外，这一时期所展开的几大类规划，如建设工业区、修建大型建筑、增设公园、建设成片住宅区这些工程，在改革开放后的北京，先后成为各种类型的艺术生发和呈现的场所，有些是在规划之初并没有预设到的。

因此，截至1978年，在新中国成立最初30年时间内，首都北京极尽当时所能理解与达到的城市规划战略目标，集聚人力和物力，完成了城市现代化进程中的第一步。

（二）1949—1978 年与艺术相关的舆论概况

以下将此时期内与艺术相关的舆论整理并概括为4个方面。

其一，关于古都遗存的处理。

新中国成立初，北京市关于首都古文物建筑的处理问题进行了反复的讨论。都市计划委员会首先提出了分批进行调查和研判的方法。

考虑到国家的可投入能力，对于一部分如风神庙、火神庙这样宗教性质的古建筑属于暂缓处理行列，对于当时判定没有艺术价值的和已经转变为杂院性质的建筑则不需

要花费精力和财力去处理。如街道上的牌楼，对于其
"旧"的形式与内涵，在处理方面产生了不同的观点，所
以如何看待新的内容和旧的形式之间的关系、古建筑遗存
和新都市中对美化的需求，是需要统一思想的。在1953
年北京市文委就古文物建筑处理问题会议上讨论到了都市
风格问题，梁思成预见了古代文化将在未来百余年后起到
的标志作用，萧军认为对"旧"的形式的顾虑在于其建
成是封建统治者的意图，而建筑物本身从物质材料和劳动
力来看，是人民的劳动和智慧创造的，所以旧与新即是辩
证的矛盾关系。[①] 总的来说，会议得出的结论是倾向保留
古建筑是为了保留有中国历史沉淀的高度的艺术形态。

其二，关于各类艺术的复兴与新任务。

社会形态和主流文化观念影响并把控着社会中各种艺
术形式的生存状况和表现方式。新中国成立之初，不论是
中国古已有之的国画、壁画、工艺美术、民间年画还是
20世纪初从外国传入的现代雕塑、油画、版画、讽刺画
等各种形式的艺术，都统一在新中国的文艺方针之下，以
新的国家政策为导向确认描绘的内容与手法。

1954年，时任中国美术家协会副主席的江丰在全国
人民代表大会上汇报新中国成立五年以来的美术工作，他
讲道："五年以来，在'百花齐放'的方针下，各种美术

---

① 参见《1953年市文委就古文物建筑处理问题座谈会会议纪要》，北
京档案馆新馆常设展《档案见证北京》。

形式都有很大的发展……在旧中国时代极不发达的雕刻艺术，现在也有了新的情况。大量的建筑物和纪念碑需要雕刻家去装饰，人民的生活环境需要雕刻家去美化，无数的英雄人物需要雕刻家去塑造，这给雕刻艺术创造了良好的发展条件……新中国的油画艺术，无论是描写的内容或者是表现的手法，都有了显著的改变，已成为群众所喜爱的一种艺术形式……长期陷于摹仿古人的作品而缺乏生气的国画艺术，也已有显著的改进……最近在北京举行的'全国版画展览会'，就是木刻艺术近年来新的成就的集中表现……新年画和利用月份牌形式的年画，已经逐渐代替了那些宣传封建迷信的旧年画的广大市场，这是美术普及工作的一个重大胜利……讽刺画艺术在与中国人民的敌人作斗争中，已经锻炼成为最富有战斗性的一种艺术，在群众中取得了很高的声誉……有着悠久历史和优良传统的工艺美术品的生产，1949 年之前，向来是不被人重视而处于自生自灭的状态中，但自从文化部在一九五三年举办了全国民间美术工艺品展览会之后，情况就大有改变……"[1]由此可见，基于社会的转型和主流意识形态的树立与传播，各种形式的艺术都既作为彰显这种意识形态的手段，又作为劳动生产的一环而重新进入社会。艺术投入城市和乡村空间的最主要目的，是营造和彰显新中国社会生活在

---

[1]　江丰：《美术工作的重大发展》，《人民日报》1954 年 10 月 13 日第3 版。

各方面的正确性与进步性。

其三，在追求量变的劳动热潮中对艺术的要求。

1958 年 7 月 11 日，《人民日报》的专栏《读者中来》回应了"大跃进"运动以来对城市中艺术的期许，对比当时中国文学艺术界联合会参观张家口沿途所见的"'万首诗歌写满墙'和到处是壁画的群众创作热潮"而感叹首都北京城中的交通要道中"那种大幅激动人心、喻意深刻的宣传壁画和意志高昂的劳动赞歌"的缺失。① 同时，在深入工农兵、认真改造思想的要求下，"北京的许多美术家今年（1958 年——笔者注）夏季到十三陵工地，边劳动边创作，并且在工地举行了展览会。各地美术家一年来在下乡下厂深入生活的同时还创作出一千多件国画、油画、雕塑等作品，它们表现了我国社会主义大跃进的气势和中国人民敢想敢做的共产主义风格"。② 在社会生产运动热情而广泛地施行中，个体的劳动者身份要先于其艺术家身份，而其艺术创作与劳动生产则都在这场社会主义建设运动中追求从量变到质变的突破。

其四，"上街头"传统的再现。

在抗美援朝与"大跃进"运动中，20 世纪上半叶面对国内外的战争，群众组织的游行中作为宣传武器而即时创作的作品再度涌入街头，其中如 1950 年 11 月在东单广

---

① 吕珉：《让首都成为诗画之城》，《人民日报》1958 年 7 月 11 日第 8 版。
② 《我国文学艺术创作空前繁荣》，《杭州日报》1958 年 9 月 29 日第 3 版。

场、天桥、文化馆等地流动展示的抗美援朝宣传画，1958 年前门车站广场上出现由中国雕塑工厂青年雕塑家们用五天的时间创作的彩色雕像①，1959 年王府井大街南口由中央美术学院版画系开辟的"版画壁报"所聚集的木刻家和业余人士的创作受到舆论的欢迎②，配合政治运动的宣传画在 1958 年、1959 年达到了新中国成立十年的高峰。

二　北京城市空间中艺术的状态

（一）创作背景——什么样的艺术可以进入城市公共空间

1949 年至 1978 年间，数次城市边界的重新界定和辖区的整合、划分奠定了北京城当下的基本面貌。其中，以旧城为中心的市区在 20 世纪 50 年代末至 60 年代先后落成了首都"十大建筑"和相关的机关单位建筑，市区边缘（城乡过渡区和乡村）范围内旧时的皇家园林、私人园林被改建成了休养场所，为发展工业，环市区范围按地域划分成了不同类型的工厂区。这个时期，古旧的文物建筑在新中国首都中的去留问题以及处理方案几经讨论，资金问题是必须纳入考虑的因素，何种类

---

① 《图片》，《人民日报》1958 年 7 月 11 日第 4 版。
② 秦犁：《欢迎版画上街》，《人民日报》1959 年 2 月 10 日第 4 版。

型的新作品能在这个现实环境中获得委托和创作机会是本节需要讨论的问题。

回顾新中国成立之初30年间雕塑和壁画等工作者的文章，可以发现他们常常从人类的原始生活谈起，从岩画、泥人和原始人的狩猎祭祀、日常生活联系谈起，再谈到各大文明古国的艺术遗产以及历史上的繁荣兴衰，这样在大众心中便赋予这类艺术形式以艺术传承性，以及在新中国必然会得到振兴的前景。那么这一时期，什么样的艺术能进入作为首都的北京城中去？什么样的艺术能走进人民群众中去？

首先是什么样的艺术能进入这座城市公共空间和人民群众中去的问题。从前文我们可以了解到，北京在城市发展进程中一直面临城市基础设施和居民生活服务设施二者间如何平衡的紧张状态。作为全国的政治中心，"劳动人民"的形象出现在工作场所、公共场所而鲜见于私密的家庭生活中。与政治运动相结合是这时期艺术能够被创作和展示的重要出路，为广大工农兵群众服务、为社会主义建设服务也是艺术在此时最主要的宗旨和任务。

艺术进入公共空间的前提与政治运动紧密相连，这并非新中国成立后的首创。在20世纪上半叶的抗日战争和解放战争时期，已有艺术工作者与学生将木刻运动等作为斗争武器的先例，也因此，借助视觉图像宣扬意识形态的艺术运动在群众中具备广泛基础。配合时政进行的革命宣传在新中国成立初期屡有发生：1950年7月，"中国人民反对美国侵略台湾朝鲜运动委员会"号召全国各地举行"反对美国侵略台湾朝鲜运动周"，其中报纸、杂志、广播、壁报、绘画、戏剧、电影、歌曲、展览、演讲等各种形式皆被纳入宣传活动；11 月，由北京人民美术工作室绘制的 27 幅抗美援朝宣传画用拉洋片的形式在东单广场、天桥、文化馆等地进行了展演；艺术作品借助印刷工艺成为街头运动有力的宣传形式。此外，以单体雕塑、群雕为主的作品进入城市开发空间的前提则需要一个凭附的主体，如广场、公园、公共建筑等，其作为纪念与歌颂革命历史与伟大时代的视觉呈现而存在。新中国成立初期的雕塑队伍大体为民国时期接受过西方古典与现代雕刻程式训练的艺术家及其培育出的年青一代，他们对雕塑在城市中

图1.1 《人民英雄纪念碑》1958 年落成，笔者摄

的存在空间与社会安定性之间的关系的体味尤深，因此对
国家赋予的创作任务积极性极高。作为新中国第一座大型
纪念性建筑工程的《人民英雄纪念碑》（1958 年落成），
为国庆十周年献礼所筹建的"国庆十大工程"中的配套
雕塑《庆丰收》（1959）、《全民皆兵》（1959）、《陆海
空》（1959），以及 20 世纪 60 年代遍及各地的毛泽东雕
像，等等，无一不是当时政治形势下的产物。

艺术要运用形式、题材和风格的变化呈现出"美"，
是基于在保证完成歌颂英雄的纪念性创作、对人民有教育
意义的作品之外延伸出来的。艺术能去装饰城市、装饰街
头，以及获得这种创作机会，在新中国成立以来一直是为
艺术家群体所亟须的。1958 年"大跃进"和农村人民公
社化运动引领着 1949 年以来的艺术活动自发地活跃起来，
这种特殊的历史时期中（得以）呈现出的艺术作品——
雕塑、壁画、宣传画，也无一不打上了时代的烙印。因
此，在这个一切源于并受控于政治因素的时代背景下，歌
颂英雄的纪念性创作，对人民有教化意义的、对政府建筑
和政治性空间起到艺术装饰性的艺术创作，是被称为新时
代艺术的首要条件。

（二）创作之举——作品所呈现的形式

艺术需要更多的城市空间。不同的艺术类别——雕
塑、壁画、版画、宣传画等艺术形式——在城市中，特别
是在有限的创作条件下相互竞争。

1. 两种形式：矗立的与流动的

这些争相进入城市的艺术最终区别于两种形式：矗立的与流动的。首先，以 20 世纪 50 年代"国庆十大工程"中孕生出的一批雕塑与壁画为代表。艺术作品及建筑所呈现出的均为时代精神的注解，其中通过提取工、农、兵人物的典型形象塑造出经典场景中的形象范式，以歌颂性与纪念性激起广泛的群众热忱。但在这些核心的公共建筑之外，艺术家则更希望艺术的基址可以延伸到更多空间范围中去，如城市各大广场、马路、公园、重要建筑物、文化宫、工程（水电站、桥梁等）、企业，甚至海口、港湾和农村，以求让艺术可以活跃的姿态出现在人民中间。① 但这时却面临政府推行精简节约的政策，难以在大型的雕塑或者壁画上面投入大量资金对城市进行美化，不仅如此，很多公共建筑在财政预算中首先选择将文化建设（尤其是艺术）削减掉。因此，新中国成立初期对艺术的公共预算，以及在公共空间中呈现雕塑、壁画所需的专业内的美学经验，都制约着此时城市中艺术作品的数量。

另外，如雕塑的创作，一件雕塑作品的完成需要过程，除在作者进行艺术创意和完成造型小稿之外，还需要技术上的加工环节。这个过程中如果需要作者每一步都亲力亲为的话，则需要耗费数月时间。同时，受设备和交通

_____

① 滑田友：《让雕塑艺术到人民群众中去》，《人民日报》1957 年 12 月 26 日第 7 版。

因素的限制，此时的大体量创作离不开城市（尤其是物质资料丰富的大型城市）。一些最早在欧洲学习雕塑的艺术家回国后，都为雕塑加工过程中设备的完备度和专门技术人员的缺失这些实际问题困扰过。可见，这时艺术创作的局限和困难很多，这一定程度上也影响了作品的产量。像雕塑在80年代后真正迎来其想要的创作空间和一定的艺术话语权时，有一批人注意到了其中必不可少的对加工厂和专门技术人员的需求，以及占领这个新的市场将带来的经济效益。

同时，即时创作性强的版画以及随着印刷条件进步而出版的衍生作品——宣传画，成为北京城中数量最大的作品形态。"上街"，是这类与永久性无关，但呈现出灵活与流动特性的艺术作品最直接地进入城市，尤其是城市的网络命脉——街道——的要求与策略。宣传画得以成为为广大工农兵群众服务的一个重要艺术形式，在于其即时性和可复制性。这种艺术形式一方面在中国已有广泛的民间基础，传统的年画、剪纸、美术字作为深入民间传播思想与信仰的媒介，转化为革命斗争的武器，另一方面，被苏联模式完善后的宣传与服务的特性，为中国的宣传画直接确立了范式，可以直接为政治主张服务。1958年，美术界也掀起了"美术大跃进"，高校师生带头在短时间内将"一条街壁画化"，并在短时间内转化为全国性的群众行为，由此大体量的壁画以其形式开始承载"大跃进"与"文革"时期一轮轮的群众激情。其中中央美术学院师生于 7 月 14 日至 19 日完成 214 幅宣传总路线的壁画和 102 幅抗议英美侵略中东的宣传画，这些作品位于市内的百货大楼、新华书店、王府井街头等地以及郊区的工厂、住宅建筑外侧。①

2. 业内的困难与跨界创作

一方面，北京城中需要雕塑这种形式的艺术作品，或是作为广场和重要建筑的一部分——纪念碑和领袖像——来激发人民的自豪感，或是作为外交、外贸活动中的附属环节——国家之间表达友谊或者交流——的物质化产品。

这类需求没有让雕塑工作者得以大展拳脚，相反通过报纸，他们把在工作中遇到的问题和诉求提了出来。以下总结为几个方面：①需要一个全面的雕塑规划；②地方有需求但是找不到雕塑家，互相信息不对等；③工作环境需要改善；④薪酬问题；⑤青年雕塑工作者培育问题；⑥对空间的极大渴求。② 回望 50 年代后期雕塑工作者面临的状况，他们时常向文化领导部门呼吁一些迫切的问题，而这些问题大部分是艺术专业性之外的，但规划、厂房、费用这些现实问题却直接影响着创作活动的展开。虽然有《人民英雄纪念碑》这个新中国成立初最突出的案例，但是普通雕塑工作者的生活和工作仍然受困。③ 这时期由于

① 《宣传总路线的街头壁画》，《美术研究》1958 年第 4 期。
② 《也让雕塑艺术的花朵盛开》，《人民日报》1957 年 5 月 25 日第 7 版。
③ 《也让雕塑艺术的花朵盛开》，《人民日报》1957 年 5 月 25 日第 7 版，其中明确提出"白尽义务还赔钱""改行的威胁"这样的生存困境。

尚未出台正式的规划，雕塑的创作是跟随城市中的需求脚步走，工作机会分配到美术学院雕塑系的教师手中，他们凭着为社会主义建设服务的信念和荣光完成创作（有时委托单位仅付材料费，或者不付费用，艺术家创作和收入不对等），而美院新毕业的学生则没有被分配、工作和创作机会。

与雕塑这种需要时间和加工程序来完成的创作相比，宣传画的创作时间可以尽量缩短、加工可以赶期，是凭借配合政治运动而进入社会生活的艺术创作。从"大跃进"运动开始，宣传画稿件的数量与质量开始有全面的提升。1959 年 12 月 23 日，这是新中国宣传画发展史上具有重要意义的日子，由全国美协、人民美术出版社联合举办了"十年宣传画展览"，共展出政治宣传画 175 幅，电影宣传画 21 幅。1960 年《十年宣传画展览会座谈会》上，将宣传画定义为"是美术为广大工农兵群众服务的一个很重要的方面"。[①] 在画面应用技法上，西洋技法、国画画法、民间画法等都要应用，之前不专门做宣传画的画家如詹建俊等也纷纷参与到投稿中。只要明确和紧抓思想内容的中心，画面呈现出鲜明、通俗、易懂、有号召力的视觉感受，这时宣传画的艺术包容性就是极强的，这也为受艺术门类限制的艺术家提供了创作出路。

---

① 《促进宣传画创作的更大发展——十年宣传画展览会座谈会》，《美术》1960 年第 2 期。

3. 作品之形态概述

人物像（单体与群像）是本时期雕塑的主要创作题材，与日本一样，中国在民国以前的传统雕塑以佛像、历史人物像为主。19世纪下半叶开始，受战争与外强侵略所害的中国的一些大城市中开始出现欧式人物纪念雕塑，如位于上海法租界的《卜罗德铜像》（1865）、上海南京路外滩的《巴夏礼铜像》（1890）、江海北关署（今汉口路外滩海关大楼）的《赫德铜像》（1913）等。

新中国成立后，通过提取工、农、兵等人物的典型形象，融合西方古典雕塑技巧与中国古代圆雕、浮雕手法，再现经典的革命战役与历史故实、塑造符合时代的标杆人物形象、体现艺术的民族文化精神是本时期雕塑创作的主要形态。其中的代表作品有前文所提及的《人民英雄纪念碑》上的10块浮雕、农展馆《庆丰收》（原名《人民公社万岁》），另有如工人体育场的体育雕像《铁饼》《足球》《运动员》等，这些雕塑作品皆以社会身份为类，塑造出符合人物身份的具有视觉张力的形象，营造出能够反映事件与主题的艺术形态。从一些艺术家的角度来看，比起抽象的石碑，具体的人物形象更能激起民族自豪感。滑田友曾说："现在感到不足的是，这样巨大的一座人民英雄纪念碑，建筑在这样一个正对天安门的重要的地方，而只有它的须弥座上才有浮雕，稍远些看，人们只能看见一座高大的石碑而没法看见浮雕的，也就是说，这座纪念碑并没有充分利用和更进一步发挥雕塑的作用。再具体一些说，碑座既有浮雕，碑身也应当有圆雕，如果碑上布置一个巨大的中国人民站起来的英勇的形象，那么这座纪念碑必将更有意义。"① 对于《人民英雄纪念碑》这样的国家纪念碑而言，对它的塑造，以及通过其造型而传达出的理念，其中所要考量的不仅是艺术性，这点在同为国家纪念碑的美国《华盛顿纪念碑》设计稿的数次争议中也有所体现。②

图 1.2　作品《工农商学兵结合的人民公社万岁》

资料来源：鲁迅美术学院雕塑系集体创作《人民公社万岁雕塑集》，辽宁美术出版社 1960 年版，第 5 页。

---

① 滑田友：《让雕塑艺术到人民群众中去》，《人民日报》1957 年 12 月 26 日第 7 版。

② Kirk Savage，"The Self-Made Monument：George Washington and the Fight to Erect a National Memorial"，*Winterthur Portfolio*，Vol. 22，No. 4（Winter 1987），pp. 225 -242.

图 1.3 作品《工农商学兵结合的人民公社万岁》局部《工人》

资料来源：鲁迅美术学院雕塑系集体创作《人民公社万岁雕塑集》，
辽宁美术出版社 1960 年版，第 1 页。

20 世纪六七十年代，北京城市公共空间中的雕塑、壁画作品数量增长幅度不大，放眼至全国范围来看，尤以领袖像与政治题材为多。

上街头的宣传画、壁画则需要更多鲜活的画面形象。它们面对的观众群体更广泛，从城市延伸到乡村、从街头延伸到工作场所，因此题材视野、形式风格，包括作品尺幅与视觉效果都在接受观众的品评。在中国美术家协会和人民美术出版社联合举办的《十年宣传画展览会座谈会》上，与会人员讨论到了宣传画的民族化问题，并且强调了作品与人民的关系。①

　　民族化问题统筹于各种艺术类别的创作原则之上。不论是社会主义写实中国画还是受西画影响的油画、版画，其一是在运用习得的艺术形式时，如何形成中国自己的特色，此时与会代表所要求的是"中国风格、中国气派、为群众所喜闻乐见的作品"；其二是民族化深入群众相互

图 1.4　1967 年北京东长安街举行"纪念秋收

起义四十周年"的宣传活动

　　资料来源：翁乃强著《彩色的中国：跨越 30 年的影像历史》，中信出版集团 2017 年版，第 139 页。

---

　　① 《促进宣传画创作的更大发展——十年宣传画展览会座谈会》，《美术》1960 年第 2 期。

图 1.5 1967 年，中央工艺美术学院的学生在

历史博物馆门口张贴的巨幅宣传画

资料来源：翁乃强著《彩色的中国：跨越 30 年的影像历史》，中信出版集团 2017 年版，第 160 页。

协调的问题，也就是什么样的作品能够与群众共情，贴近群众口味的丰收、丰产之景，母子、青少年形象更能引起审美愉悦。因此笔者认为此时围绕民族而展开的探讨与之后日益受到重视的民俗文化复兴是同一命题，只是二者所在时间节点不同，当下的民俗文化复兴是弱化了政治导向的民族化版本，民族化问题在新中国成立以来的每一个时期都在做自我的重复提问，也由不同时代的艺术家给出了丰富和多元的答案。

三 小结

　　近代以来，北京（旧为北平）虽然已经历过所谓世界现代性潮流所波及的改变，然而自其成为中华人民共和国首都的一刻起，它的面貌与内涵即要被纳入一个全新的轨道中去适应并发展。在这条道路上，已有的城市表征将得到一个新立场之上的评估，在其之下蕴含的是一场需围绕国家意识形态内核而制定的范式，而艺术在其中占有（也仅仅占有）一个适当的位置。

　　新中国成立至改革开放的三十年间，北京继续从一座古城向现代城市迈进，这期间伴随着对其旧都身份的不断审视。作为新中国首都的北京首先确立了区划与职能，并按照节点计划推进大型工程、建筑与设施的落成。这一系列规划与行动完全受国家意志的统一调动，为的是确立一个冲破旧有格局的新时代面貌，这种"新"不仅试图呈现在物质层面，更是指向制度的、文化的层面，而在这个上层建筑领域内则无法回避对中、西、古、今各维度取向的选择。

　　总体而言，这时期艺术在北京这座城市公共空间中的准入量要远低于其本身的创作基数。一方面，以宏大叙事与民族话语为导向的艺术作品需求占据了这时期大型工程的主要部分，而此类作品本身也更多停留在了更大的国家话语的物质呈现层面上，其所展示出的形象、体量感与视觉效果成为对国家形象、首都形象的修饰；另一方面，能与政治时效高度配合的宣传画类作品以其复制与流动特征直接进入城市，并借助广泛的群众基础成为重要的艺术形式。由此而言，城市中单纯供艺术而存在的公共空间此时尚未产生，或者说，艺术在城市中的居身之所从来都不是单一性质的，这类空间的开放准入门槛不是介于艺术的门类、形式或风格，而是与社会基本形态的匹配程度。其后，于1978年年底开始实施的改革开放政策改变了国家的发展策略，也改变了城市中艺术的发展走向，或显或隐，或浮或沉，艺术的主导形式将重新确立。

第二章　1978 年后北京城市空间中艺术的两种"主导"形式

　　本章的时间维度是 1978 年改革开放后至 1990 年第 11 届亚运会于中国北京举行。1978 年的改革开放政策改变了北京的城市发展思路。在 1979 年的新中国成立三十周年庆典时间前后，第 5 届全国美展在中国美术馆展出，与美术馆一墙之隔的街头上由一批非体制内的艺术家展览的作品却被当局禁止；一队雕塑家登上了公派赴欧洲考察的航班，一组工艺美院师生通力完成的壁画受到了高层领导的检阅和认可。这一幕幕交织出了 1979 年 10 月北京艺术界的几个大小事件，也预示了即将到来的 20 世纪 80 年代艺术将做出改变。

　　本章从两条线索出发，其一为艺术在城市建设中开始获得"合法"身份和席位，被纳入官方的管理系统；其二为艺术出现跨出系统与学科的界定壁垒趋势，开始运用综合的语言去对城市环境发生作用。沿着这两条线索，本章将考察与前三十年相比，城市中艺术间的竞争关系是否发生了变化、如何变化以及呈现何种走向。

一 1978 年后北京城市空间艺术状态的转变

（一）北京城市发展思路的转变

党的十一届三中全会于 1978 年 12 月召开之后，北京的城市发展思路开始转变。这种思路落实到政策上是北京市在 1982 年 12 月提出的《北京城市建设总体规划方案》（以下简称规划方案），规划方案在 1983 年得到了国务院的总体认可和 10 条批复。其中，经过新中国成立以来 30 余年的城市发展经验，北京市将怎样继续合理地发展下去，怎样解决既存的问题和定位新时期的发展战略，成为这时期规划方案要完成的任务。

通过对比 1982 年和新中国成立初期提出的规划方案可知：第一，1982 年的规划方案体现出了在 1980 年 4 月中共中央书记处关于首都建设方针的思想指示中提出的北京应作为"国际交往中心"的指示，以及从 80 年代开始，北京的城市发展概念中正式出现"国际都市"的概念和追求，在这种追求下自然诞生出接下来北京力图变清洁、变卫生、变优美的规划要点；① 第二，北京的经济要

---

① 刘牧雨等总编：《北京改革开放 30 年研究：城市卷》，北京出版社 2008 年版，第 22 页。

得到繁荣，人民的生活要方便、安定，从一切历史经验可以得知人民的生活水平和国家经济发展是紧密联系的，旅游业、服务业、食品业等的发展拓宽了社会生活的维度，正是社会生活的丰富得以让人民的生活发生改变；第三，北京市内基本上不再发展重工业。

以上三点的交会从侧面描绘出了北京城继续发展的可能性：对国际都市的追求意味着一次新的信息交往时期的来临，其后80年代中后期的又一股翻译热潮将对中国艺术界带来冲击，"美"的艺术可以（并需要）进入城市公共空间中来，缺口和机遇在新中国成立后第一次这样直接呈现在艺术家的面前。社会生活维度的拓宽使城市化程度得到深化，二者总是在一体中发展，城市中会生产出前所未有的新的空间来为艺术提供一席之地。

1982年的规划方案中同样关注到了旧城的面貌。这时受现代化的影响提出了"旧城改建"的思路，面临的棘手问题是从20世纪初以来就在不断积存的居民人口和住房问题，这样的问题仿佛与当时艺术所能涵纳的范围无关，而是在下一个世纪初成为一个新的"艺术热点"。

1982年2月在国务院转批国家基本建设委员会、国家城市建设总局、国家文物局的文件《关于保护我国历史文化名城的请示的通知》中，"历史文化名城"的概念正式被提出。这时期的工作重点放在古文物的普查和管理、古建筑的抢修和保护上。在这个人民普遍关注于温饱的时代，鉴定和收藏文物相对还显得专业而小众，也正是在这个相对空白的市场中，以物易物的古老交换方式在街巷胡同里慢慢开始流动，开始让社会中的老百姓对旧物件有了新的经济认识，也就开始了对古董，乃至对艺术的新的理解。

（二）艺术在北京的发展前景及"主导"艺术形式的再次确立

改革开放之后，北京继续发展所面临的问题、矛盾及矛盾的缘由经过了政府层面的分析与决策被逐一列举出来。总的来说，北京发展面临的基本矛盾是从 20 世纪初期及中叶的社会转型中遗留下来的，是大城市运作和扩张的同时城市需求与城市资源供给不平衡造成的，而矛盾的成因在于各个利益主体（部门、单位、个人）对城市既定资源的争夺导致的结构失衡。①

1979 年 10 月，邓小平在《在中国文学艺术工作者第四次代表大会上的祝词》中说道："我们的国家已经进入社会主义现代化建设的新时期。我们要在大幅度提高社会生产力的同时，改革和完善社会主义的经济制度和政治制度，发展高度的社会主义民主和完备的社会主义法制。我们要在建设高度物质文明的同时，提高全民族的科学文化

---

① 刘牧雨等总编：《北京改革开放 30 年研究：城市卷》，北京出版社 2008 年版，第 25—29 页。

水平，发展高尚的丰富多彩的文化生活，建设高度的社会主义精神文明。"① 虽然这时还远未涉及将艺术提升到国家发展战略的层面上，但在北京接下来的发展中明确了其世界文明古都与现代文化名城的定位，这预示着艺术领域在80年代（复兴或）开始的几项动作：政府由上至下传达的按照区域进行古文物、建筑、遗迹的抢修性保护（尤其是对具有艺术性的、造型美的对象）；大型单体艺术作品作为展示现代都市面貌的城市名片将得到更多委托机会；完全宣传意识形态的艺术创作导向逐渐松弛，从阶级角度看待古代作品的观念让位于古典与现代因素在作品形式中的融合呈现。

国家宣布进入一个新的历史时期，这段时期的历史任务是"促进社会主义经济发展的同时，促进社会主义文化艺术的繁荣"。其中，艺术在适应和实现四个现代化要求中，其作用和使命在于解放人们的思想，并且要将人民思想解放的历程记录和彰显出来。国家在新阶段的主要任务和发展重心促使艺术面对又一次进入城市的机会进行争夺。在此时，为了实现四个现代化，呈现永久性、民族性，并且体量较大的艺术作品开始重回官方的考纳视野中。② 城市中确实生产出

---

① 中国职工思想政治工作研究会：《邓小平新时期思想政治工作理论学习概要》，学习出版社1997年版，第19页。

② 《日〈朝日杂志〉评论〈中国新美术的潮流〉》，《参考消息》1979年12月4日第4版。报纸摘译的是日本《朝日杂志》10月12日刊登日本筑波大学教授、美术评论家桑原住雄的一篇评论，题目是《中国新美术的潮流》，副题是《北京新机场大楼的壁画群》。文中作者写道："从中国美术馆的郁风女士那里听到：'为了四个现代化，壁画成为非常必要的了。'她说这些话的三天以后，即九月十四日晨，平山郁夫夫妇和我参观了北京新机场。"

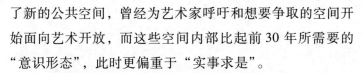

了新的公共空间，曾经为艺术家呼吁和想要争取的空间开始面向艺术开放，而这些空间内部比起前 30 年所需要的"意识形态"，此时更偏重于"实事求是"。

从新中国成立初至"大跃进"以来能即时地配合革命群众运动的宣传画，以其短时间的创作过程，大量张贴在街头、会场、厂房等空间的操作方法，与舆论风向紧密结合的政治导向这一模式已经深入群众内心。然而，这一模式无法不让人把它与 1978 年前高度活跃的政治生活联系到一起，也因此在新时期被暂时放弃。

1979 年 9 月 27 日，首都国际机场国际候机楼《大型现代壁画和其他美术作品竣工揭幕典礼》当天，也是中国雕塑家赴欧考察团出行的前夕，同时是第 5 届全国美展举行期间，中国美术馆东侧小公园中举行了一次无官方许可的民间艺术展览。这个被称作《星星美展》的户外艺术展，为 1979 年的艺术界留下了令人印象深刻的一笔。《星星美展》中展出了由非体制内艺术家创作且吸收了西方现代主义各流派的作品。这次展出成为为其后的 80 年代官方、媒体、艺术业内人员和城市居民面对相对"现代"的艺术是否接受与如何评价的一次"试水"活动。从结果来看，在 70 年代末 80 年代初，对于人们自行组织的"走到街上去"的展览还是非常谨慎的；媒体的焦点聚集在展览引起的政治性反应上；学院派群体从作品的艺术性上进行解读，他们或是看到了对象创作技法上的生硬，或是拒绝与他们既有概念上的艺术相提并论，或是包容而观望；参观展览的居民则持正面看法，认为作品大部分是敢于大胆创新的。

图 2.1　《星星美展》中止布告

资料来源："星星 1979"文献展，北京 OCAT 研究中心，笔者摄于展览。

　　从这段历史我们可以看到的是，这时发生的短暂的艺术"上街头"运动在形式上不被政府认可。并且，其极易触动政治联想（特别是外国媒体争相报道，并且部分地提供些许赞助），这显然成为这类艺术更多地进入大众视野的阻碍。因此，在这段各类艺术竞相进入城市空间和大众视野的竞争中，标准是创造出能与国际交流、能展示中国新面貌的艺术要求。在这种标准下，城市雕塑、公共壁画成为适应时代的艺术。

城市规划指导下的城市雕塑成为"主导"

（一）经国家批准而成立的机构

1. 全国范围内的城市雕塑机构

目前学界倾向将 1982 年经中共中央宣传部批准成立的全国城市雕塑规划组和全国城市雕塑艺术委员会定性为中国城市雕塑事业发展的"里程碑事件"。也正因为这个机构具备直接受当时城乡建设环境保护部、文化部和中国美协共同领导的"合法身份"，让城市雕塑迅速在 80 年代有依托、有组织、有计划地在全国开展。

从人员结构来看，全国城市雕塑规划组班底源自 1976 年毛主席纪念堂雕塑组。在继人民英雄纪念碑完成过程中所依循的"国家意志—中央指示—人员抽调—主题创作"模式之后，毛主席纪念堂成为又一个凝聚新中国国家意志的物质实体。雕塑组成员在当时限制个人进行地域流动的大环境下，由中央部门与所在单位完成对接，进行"命题式"的创作。在人民英雄纪念碑工程中有经验的刘开渠、曾竹韶等老先生被请出重新主持工作。其间经历全国各地创作人员一次、二次抽调创作以及纪念堂落成后所需的修改工作，这个雕塑创作团队松散地保留，并在 1979 年获得了国家资金赴欧洲进行艺术考察。①

---

① 戚家海：《体制与创作》，硕士学位论文，中央美术学院，2010 年。

从当下回望，这个在 20 世纪 80 年代初响应国家政策而诞生的组织向改革开放之初的城市提供了对艺术的未来愿景。刘开渠等在 20 世纪上半叶赴欧留学的艺术家重新对西方城市与城市中的艺术有了认识，并对雕塑的社会功能有了理解，这时他们的经验可以一定程度地参与到对整个城市的规划干预中。据全国城市雕塑规划组的统计，1979 年至 1984 年的 5 年间，全国共落成大型城市雕塑作品 194 件，比前 30 年的总和多 62 件，而这些雕塑作品题材、品种、形式的多样化在我国雕塑史上也是前所未有的。[1] 由全国城市雕塑规划组延伸出了全国省、市级城市雕塑规划组织，它们借助国家出口创汇的政策导向和市场经济下各地建设发展的潮流，将一部分艺术家引向室外创作的道路，也同样引向市场的价值衡量体系中。

2. 北京城市雕塑组织

如前文所述，中国城市雕塑的产生依托于政府层面的城市规划，艺术家在取得委托资格之后方进入创作空间中去。1982 年以来，随着城市雕塑取得国家的许可成立全国性的机构，北京、上海、浙江等十余个省市随即开展城市雕塑试点工作。

同年，北京成立了首都城市雕塑艺术管理小组，最初方针是"边边角角练兵"，建设第一批 9 座城市雕塑，其中

---

① 徐海帆：《城市雕塑呈现繁荣景象 行家们认为要贯彻尽力而为、量力而行、质量第一的方针，再不可走一哄而起的老路》，《人民日报》1984年 12 月 22 日第 2 版。

包括正义路绿地的司徒兆光的《读》（1984）、曹春生的《琴》（1985）、孙家钵的《洁》（1985）。1984年，北京在首都城市雕塑艺术管理小组的基础上成立首都城市雕塑艺术委员会，以"占领要冲，当然不让"为方针，开始较大规模地建设纪念碑、纪念像以及主体地标性雕塑。同年，北京石景山区落成了全国第一个雕塑主题公园"石景山雕塑公园"。1988年，北京市颁布《北京城市雕塑建设管理暂行规定》，这是全国第一个城市雕塑建设管理法规。之后1993年，首都规划建设委员会办公室与首都城市雕塑艺术委员会印发《北京城市雕塑建设规划纲要》，阐明了北京城市雕塑建设中的原则、管理、措施及内容。①

图2.2　石景山雕塑公园内雕塑，左前《时光与文字》，
左后《小妞》，右《傣女》，笔者摄

---

①　参见中华人民共和国住房和城乡建设部网站：《全国城市雕塑典型城市介绍》，http：//www.mohurd.gov.cn/ztbd/csdsfz/csdsfzdxcsjs/200811/t20081120_180055.html。

在这一系列组织机构和管理法规的完善过程中，北京的城市雕塑开始了体量增大（由人物等身到大体量）、规模增加（由单体到主题公园）、影响范围扩大（从本土到国际）的过程。

图 2.3　正义路城市雕塑，自左向右依次为《读》《琴》《洁》，笔者摄

（二）冲向围绕效率和效益而运转的城市中去

从新中国成立之初开始，城市中有限地留给艺术创作的空间与资源使各门类的艺术之间处于竞争关系。这时，如建筑、雕塑、壁画等的并置与组合是受到同一建筑工程的委托，而不是艺术家之间自发地对一个空间进行总体的设计与合作。这与国家发展的阶段性特征分不开，以政治任务为指向的工程限定了艺术家的创作构思和艺术语言。

据全国城市雕塑规划组负责人在 1992 年对城市雕塑发展十年的总结中可知，20 世纪 80 年代城市雕塑的建设基本为三类，即通过中央、地方、单位三种渠道展开，在十年间就落成的 2000 余座城市雕塑中，上述渠道的建成比例分别为 10%、60% 与 30%。① 由此反映出，此时除去中央牵头投建的项目外，地方与单位的投建热情十分高涨，其中尤以突出地缘性主题的大型雕塑（如江苏省的《雨花台烈士纪念碑》、陕西省的《丝绸之路》、甘肃省的《黄河母亲》、珠海市的《珠海渔女》、深圳市的《孺子牛》）与人物雕塑为主（如清华大学《闻一多纪念像》、北京大学《蔡元培纪念像》）。这些城市雕塑成为其落成地与当地民众之间维系地域文脉、倡建未来生活的精神纽带，同时也是在全国上下（从地区、城市到单位、街道）的开发建设热浪中，通过树立典型、树立精神的方式争取社会资源的一种反映。

　　基于北京城市雕塑机构和法规的出台，为城市雕塑的发展工作形成助力，结合北京因其在全国城市中所处特殊的位置，在资源的占有上也极具优势。作为第 11 届亚运会的举办城市，大型活动的举办需要场馆、宾馆、公寓等硬件设施，并衍生出配套的休闲与购物场所，其解放方案仍是沿用新中国成立以来应对国家大型事件所采取的中央协调、地方供给、群策群力的方式，调动全国范围内的力量共同达成。在亚运会举办以前，北京的文化体育设施排

---

　　① 《装点祖国——全国城市雕塑建设十年回首》，《人民日报》1992 年6 月13 日第 8 版。

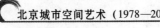

名仅为全国第 19 位，因此政府在规划亚运会场馆时采取"分散为主，相对集中"的布局概念，在城市各区（县）和院校中布局新建场馆。

据统计，北京亚运会新建场馆 20 座（其中秦皇岛海上运动场坐落于秦皇岛市）。以举办亚运会为契机，1990年首都城市雕塑艺术委员会先后组织 3 次城市雕塑征稿活动。同年 6 月，宣祥鎏在国家奥林匹克中心会见台湾地区雕塑家杨英风，商谈其向亚运会捐赠雕塑《凤凌霄汉》的选址等问题。① 同年，北京市人民政府出资建造的 20组 40 余件雕塑在北京奥林匹克体育中心创作完成，其中包括《源》（隋建国）、《人行道》（展望、张德峰）、《接力》（白澜生）等作品。② 根据笔者对建筑师马国馨先生的采访，马国馨先生回忆道："到了亚运会，非常难得的是，规划最初就提出要为公共雕塑单留出一笔钱……什么样的雕塑选在什么地方，和环境怎么配置与结合，这些和建筑师配合比较紧密，几乎每一个地方都是建筑师与雕塑家一个一个来看……主管这方面的理念比较开阔，没有设置过多的限制，各种风格都可以……"③ 也正是基于配套资金的到位与政府意志的相对开放，体育中心中落成了超

① 于美成等：《当代中国城市雕塑·建筑壁画：1978—2002》，上海书店出版社 2005 年版，第 264 页。

② 于美成等：《当代中国城市雕塑·建筑壁画：1978—2002》，上海书店出版社 2005 年版，第 264 页。

③ 武定宇主编：《2015 中国公共艺术专家访谈录》，河北教育出版社2016 年版，第 153 页。

写实的、裸体的、抽象的这类在当时的公共空间中较为大胆的雕塑作品。此外，作为场馆的光彩体育馆、月坛体育馆、昌平自行车赛车场以及相关的道路环岛上均落建了一批城市雕塑。

图2.4 作品:《凌空飞舞》,地点:昌平自行车场

资料来源:北京市规划委员会编《雕塑北京——北京城市雕塑55年经典作品》,中国旅游出版社2005年版,第179页。

综上所述,在城市雕塑成立专门机构以及被纳入城市规划轨道后,城市中雕塑的布局、规模和资金有了统一的依循办法和解决来源。从今天回望20世纪80年代的城市雕塑建设历程,其中不乏对管理的疏漏、审核机制的漏洞、部分作品的劣质等问题进行声讨。管理者中也有相关的反驳声音,认为投标成功的艺术家也应与甲方在过程中进行交流和沟通。总体来说,这是一个艺术在城市中获得更多创作空间后所走过的机遇与教训并存之路，也正是自80年代逐步建设街头雕塑、大型雕塑和雕塑公园项目开始，政府官员、相关管理者、艺术家、理论家等被纳入一个共同的讨论圈，并从各自所在的领域和立场出发对城市的艺术提出意见。

然而，投身围绕效益和效率而运转的城市中的艺术作品无疑会产生弊病，其中不仅雕塑，建筑、壁画、宣传物等被投放在空间中最为显眼位置的视觉物同样遭到诟病。从20世纪80年代初方兴未艾的艺术崛起，到成为"粗制滥造""质量低下"的"视觉污染"，仅仅不到5年时间。进入城市空间中的艺术，成为这场改革开放以来最为汹涌的城市建设进程中所暴露出问题的最突出表征，将那些已经被泛化、细分、散落于各个领域和各层环节中的问题凸显了出来。对于新老城市中不断出现的劣质、滥造与陈旧而无人问津的"艺术品"，刘开渠、张仃、司徒兆光、袁运甫等一批雕塑家、壁画家在会议上提出意见，并且倡议在政府部门，艺术家、建筑师、设计师这几类专业人员之间建立权威的仲裁与咨询机构，共同针对城市环境中的视觉问题进行把控。

事实证明，经济体制改革为现代城市的发展与转型带来极大的机遇，但效率与效益先行亦容易产生问题，这是新中国成立以来面对过的问题，但在发展的巨大诱惑之下难以避免。这场倏尔之间就到来的城市艺术问题暴露出了更深层的问题：即使资源投入量如首都北京，即使《人

民英雄纪念碑》、《机场壁画群》与亚运会群雕这些作品
在国家重大项目中皆受群策群力并贯彻完成，但是脱离这
类重点工程的监管力度与号召力，国家部门对艺术进入城
市所带来的巨大连锁效应考量与相应法律规章制度出台方
面仍是空白的。而过往极少计较报酬，并以中央向地方、
向单位借调而组建的项目团队也被社会中对国家政策敏感
的新兴商人所组建的公司（尤其是皮包公司）、工程队替
代。更为深切的问题则是，专业人员对工作之中面临的作
品以外的因素缺乏深度的认知，对城市艺术何为这一新命
题缺乏深度的探索。

 三 首都机场壁画项目与"大美术"观念

（一）首都机场壁画项目的开端

1979年国庆节前夕，由中央工艺美术学院师生创作
完成的壁画与其他美术作品在首都国际机场国际候机楼揭
幕。这个在当时被记录为"为四化现身，为祖国争光"
的机场扩建工程中的艺术部分，开启了改革开放后大型壁
画作为城市建设中主流艺术形式的一个高峰。

1978年9月，兴建了4年的首都国际机场国际候机
楼项目进入内部设计与布置阶段，9月2日，民航北京管
理局党委向民航总局上报了《关于筹办首都机场新建候
机楼、宾馆内部陈设和美术布置等问题的请示报告》（以

下简称请示报告）。① 请示报告中建议就候机楼、宾馆内部陈设和美术布置的设计和购置问题，成立由文化部艺术局华君武、中央工艺美术学院张仃、民航北京管理局吕正哲三人组成的领导小组总管这项工作。在落实过程中，中央工艺美术学院最后承担了首都国际机场室内陈设与美术创作工作，工业美术系和特种工艺美术系参加这次工作，其中，壁画创作部分由特种工艺美术系完成。此时，机场项目落实到中央工艺美术学院开始创作的时间，距项目作为新中国成立三十周年大庆献礼的时间 270 余天。时任院长张仃先生与中央工艺美术学院师生，以及所召集到的全国 17 个省市 52 位美术工作者，江西景德镇、邯郸磁州窑、扬州漆器厂、昌平玻璃厂等技术单位人员一同完成了壁画和其他美术作品，其中壁画为 58 幅。②

1979 年 9 月 26 日，《大型现代壁画和其他美术作品竣工揭幕典礼》在首都国际机场国际候机楼国境隔离餐厅举行，时任机场扩建指挥部领导李瑞环、民航总局局长沈图、轻工业部部长梁灵光，及北京文艺界、建筑界、外贸界、新闻出版界的领导和知名人士 300 余人出席典礼，并在典礼后举行了座谈会。之后，在 9 月底至 10 月，先

---

① 2019 年 10 月 28 日，《首都国际机场壁画文献展》研讨会在清华大学美术学院报告厅举办，参与过首都机场壁画创作的中央工艺美院师生、家属及相关领域学者在本次研讨会上进行了汇报演讲。文献展展出了机场壁画创作过程中的部分手稿、照片和实物资料，这份报告的复印件也在这次文献展展览之列。

② 数字来自这次文献展导言。

后有国家级领导（谷牧、邓小平、李先念、张廷发、胡乔木等人），中宣部、文化部、中国人民对外友好协会、中国文联领导及负责人，美术学院院长及画家们先后参观了机场壁画作品，《工人日报》《光明日报》《美术》《人民画报》等刊物发表了机场壁画作品选刊与文章。机场壁画在美术界与美术界之外的领域都激起了浪花。

（二）首都机场壁画收到的各界反响与后续动作

1. 首都机场壁画座谈会上各界与会人士的观点总结

在1979年9月26日午后的座谈会上，参与首都机场壁画项目的领导、艺术家与文艺界的知名人士都做出了讲话，他们的一些发言内容会后被整理到了《首都国际机场壁画竣工揭幕典礼简报》中。会上发言的内容主旨可以概况为以下几个方面。其一，壁画是祖国力量与民族精神的体现。时任民航总局局长沈图、诗人白桦、作家姚雪垠、时任中央党校教务长和理论家宋振庭、中国美术家协会负责人和文艺学术研究院负责人蔡若虹、画家郁风都表达了在当时解放思想的政策背景下，这批壁画的创作将新中国成立之初艺术家就一直探索的艺术民族化与现代化二者融合的东西呈现了出来。虽然以上几人来自不同的工作领域，并对艺术有不同程度的理解，但是他们共同反映了绝大多数艺术与非艺术界人士对这个处在新的国际交往空间（首都国际机场国际候机楼）和城市公共空间的艺术作品的首要思考，即艺术能否在那个刚刚开启的、充满希

图 2.5　袁运甫等人在首都机场壁画《巴山蜀水》前合影

资料来源：《首都国际机场壁画文献展》，清华大学美术学院，笔者摄于展览。

望的却又相对谨慎的政治氛围和社会生活中发挥出"为国争光"的功能。

其二，壁画与人民群众的关系问题。即使在新中国成立 70 余年的今天，"人民群众"这个带有政治意味的概念仍然是主流社会、主流文化最关心和直接的受众，群体

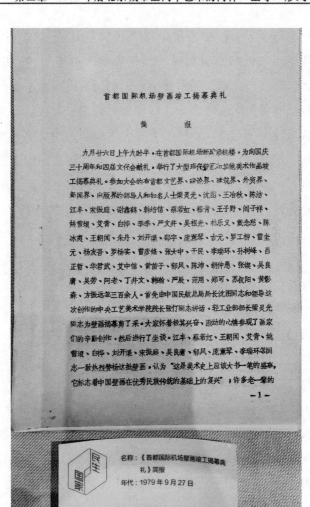

图2.6　《首都国际机场壁画竣工揭幕典礼简报》

资料来源：《首都国际机场壁画文献展》，清华大学美术学院，笔者摄于展览。

的利益与个人个性的发展虽逐渐可以兼具，但"人民群众"的反应仍然是最重要的预见和参考因素。时任中央美术学院院长江丰、美术理论家王朝闻重点提出了对艺术与群众两者关系的考虑。在解放思想的国家大背景下，艺术从过往十年乃至几十年中无法大胆而深入地反映客观的事物，更无法反映艺术家内心的情感与思想，到可以去触及艺术探索社会、反映社会的功能，进而形成作品呈现到观众面前，并作为"教育群众如何解放思想的教材"。这种在当下已经被默认的属于艺术的功能与职责，在当时是被小心翼翼地尝试的，这种尝试能否得到人民群众的支持和喜欢，也是受到瞩目的。

其三，开始着眼于艺术在综合环境中的发展方向。时任机场扩建指挥部领导李瑞环、时任清华大学建筑系主任吴良镛、时任中央美术学院副院长和雕塑家刘开渠以及前文提及的王朝闻皆对艺术与建筑以及其他之前看来不直接相关的领域做了综合性思考。李瑞环所讲的"就其广度来看，首都机场的美术，它在历史上所占的地位，在世界上的影响，将一定会超过我们的建筑工程"。从中既看到了古今中外优秀的、经典的艺术可以垂青于历史和"为国争光"的特质，又为彼时改革开放初期即将面临的建筑热潮和建筑问题作出了考虑，他指出壁画与建筑的天然关系，也提出了壁画、建筑接下来发展的潜在阻碍（相关部门领导、建筑师对二者关系的认识程度不足）。刘开渠谈到建筑、绘画、雕塑历史已有的紧密联系，并提出再次发挥三者的特点来表现当下时代的特点，做出"社会主义的新的艺术"。在这里，刘开渠分述了欧洲雕塑的两个重心——古代到罗丹阶段的以人物为中心的雕塑和罗丹之后人物消失了的雕塑，相比二者他侧重中国的雕塑要表现人物这种呈现，这种在当时雕塑界的主流看法也影响了20世纪80年代之后国内对雕塑的主流认知。建筑能否提前将绘画和雕塑的因素考虑进去、艺术与景观的关系、艺术进入城市规划层面的考虑，这些提议将在80年代后的城市发展中一一得到诠释。

其四，壁画的复兴。中国壁画在艺术史上占据的书写篇幅是巨大的，但壁画越是在历史上获得过成就，就越凸显出新中国成立以来的落寞，这是壁画从业者所痛心的。时任中央工艺美术学院副院长庞薰琹、诗人艾青看到了机场壁画获得肯定的同时显露出的"自由"意味，既赞誉这种"自由"，也深知整个国家的政治导向和领导的态度是这种"自由"得以彰显的根本原因。艺术界的前景如何、艺术将如何发展，庞薰琹将这批壁画的影响理解为将对整个文艺界创作思想解放产生影响。

2. 首都机场壁画座谈会后的参观反响

1979年9月26日的座谈会结束后，又相继有国家级、部委、协会领导，以及国内外艺术家和评论家对机场壁画作品进行了参观。其中在10月12日的参观中，邓小平、李先念、张廷发、谷牧对呈现出来的壁画作品，在题材、表现形式和媒介的应用方面都表示了接受和称赞。特别是之前饱受争议的袁运生《泼水节——生命的赞歌》作品中的几个裸体人物，邓小平的一句话"我看可以"便为这件壁画"正了名"。① 可以看出，艺术在进入城市公共空间而非博物馆或美术馆空间时，其自身审美取向和作为审美对象的观众之间是否匹配，是艺术作品无法满足观众的审美需求还是艺术作品过于"超越时代""先锋""实验"而令观众无法接受，一直是公共空间中的艺术在不断接受考量的。此时，国家领导的意愿凌驾于艺术家、作品、观众三者的维度之上，也即是说，公共空间中的艺术仍无法摆脱权力的操控而独立存在。《泼水节——生命的赞歌》根植于我国西双版纳地区的人物和自然风格而产生，其传达出的中国文明传统文脉在此受到了注目和重视，而文化艺术审美取向的问题将在之后愈加成为需要讨论的命题。

在这次参观过程中，先前日本画家平山郁夫夫妇与美术评论家桑原住雄一行人的来访，以及日本《朝日新闻》中首都机场壁画图片和桑原住雄专论的发表立刻引起了邓小平的注意。桑原住雄在文章《中国新美术的潮流——北京新机场大楼的壁画群》中敏感地注意到了这次壁画作品背后中国社会的现代化趋势。他对壁画逐一进行点

① 参见 2019 年 10 月 28 日由清华大学美术学院举办的《首都国际机场壁画文献展》大事记，以及展出的《邓小平、李先念付主席参观首都机场壁画的有关重要指示》《谷牧付总理参观国际机场壁画及对有关问题的指示》文件。

评，从题材的来源（古代传说、自然景观、历史故事、民族取材等）、技法（工笔重彩、丙烯、陶瓷等）、样式影响（古代山水、法国装饰画、日本画）等方面来分析这个所谓"现在中国的变化很大"背景下的作品，并认为这是"从为统治者所绘制的壁画转变为人民所绘制的壁画的这种改换坐标的时期"。① 而邓小平的关注点则在国内媒体对这次事件的报道滞后、机场方面尚无对印刷和出售画册画片做出预算和安排上。在参观中听到涉及外宾对中国陶瓷壁画的反映和订货意向时，邓小平、李先念、谷牧立刻提出壁画可做出口、需成立公司与国外做贸易、机场壁画向外宾展览可收门票等指示。其实，如成立公司的报告《关于建议成立中国建筑壁画学会及所属壁画公司》已由江丰、张仃、刘迅向时任文化部部长黄镇呈报过并已得到批准，正在等候国务院的审批，这与上述《泼水节——生命的赞歌》的状况其实是相似的，就是在此时任何一项新的事物、新的决策，都需要国家级领导的批准，否则无法推进。②

3. 公共壁画的现代意义

1931 年，鲁迅在《理惠拉壁画〈贫人之夜〉说明》中写道："理惠拉以为壁画最能尽社会的责任，因为这和

---

① 《日〈朝日杂志〉评论〈中国新美术的潮流〉》，《参考消息》1979 年 12 月 4 日第 4 版。

② 中国建筑壁画学会、壁画公司的提议发生在 1979 年 10 月 2 日的参观中，参见 2019 年 10 月 28 日由清华大学美术学院举办的《首都国际机场壁画文献展》大事记。

宝藏在公侯邸宅的绘画不同，是在公共建筑的壁上，属于大众的。"这里指出了现代壁画的两个特点——在公共空间中，且有公共性。这是从社会的、人类的角度来看待墨西哥的壁画。

20世纪上半叶墨西哥壁画运动和美国罗斯福新政中对艺术的公共赞助是艺术进入城市公共空间的先导。在现代社会中，由政府主导并出资在城市公共场所和政府建筑中委托艺术家创作的模式在20世纪中叶盛行于美、英、法等西方国家，鲁迅很早地理解了公共空间中壁画存在的需求与作用，然而这种形式得以相对自由且大量地在中国的城市中出现，是在首都机场壁画的成功案例之后。

中国古代壁画的史料记载可以追溯到先秦时期，宫墙、陵墓、石窟、寺观都是壁画得以呈现的空间，壁画以描绘、叙事、想象等表达方式存在其中。壁画在中国经历了兴盛期和衰落期，在充满变革的20世纪，袁运甫将1979年的首都机场壁画看作"中国现代壁画的开端"。"现代壁画""建筑壁画""公共壁画"是进入20世纪80年代后指代壁画形式的语词（本书以下通用"公共壁画"）。

由于壁画作为一个有历史传承的画种在此时再次受到国家建设层面的重视，其在首都机场的功能和反响也证实了现代壁画进入公共空间后，可以保持自身的艺术特色同时又能适用于协调现代建筑、景观与人群的总体环境。因此，机场壁画技法上的和题材上的创新拓展了其创作空间，并且在经过实践的检验后开始被纳入官方认可的主流艺术创作模式，而此时官方的认可带来的影响要远大于其他任何因素。至此，以城市雕塑和公共壁画二者为主导的艺术开始延伸到城市中去。

（三）窗口项目与民生艺术

继首都机场壁画之后，中央工艺美术学院承接了北京地铁2号线沿线站台中的壁画创作工作，第一批公共壁画是坐落于西直门站的《燕山长城》和《长江东去》，建国门站的《中国天文史》和《四大发明》，以及东四十条站的《华夏雄风》和《走向世界》。

这批公共壁画是中国现代壁画在城市空间中的发展延续，作为地铁2号线开通后的第一批地铁艺术作品，也是继首都机场壁画之后公共壁画作为代表北京城市窗口形象的城市项目而存在。

政府对艺术的公共赞助由来已久，由政府出资在公共场所和公共建筑中委托艺术作品的模式在20世纪30年代的美国罗斯福新政时期大量开展。之后，这种由公共委托而进行的艺术创作逐步经历了内部的细分和演变，成为既有各自规则和流程，又在环节上达成相互协作的公共赞助模式。20世纪下半叶以来，欧美国家、日本和韩国以及中国台湾，都依照自身实际情况实践过这类政府对艺术的公共赞助，其中地铁空间中的艺术就是颇具比例的一部分。北京地铁艺术的最初目的与地面艺术相同，也是源自艺术对公共环境的美化与装饰。同时，由于壁画作品位于

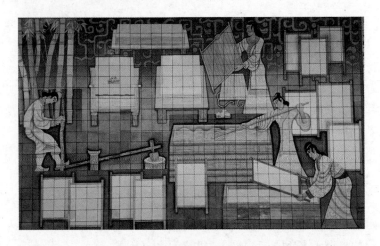

图2.7 地铁2号线东四十条站《四大发明》局部，笔者摄

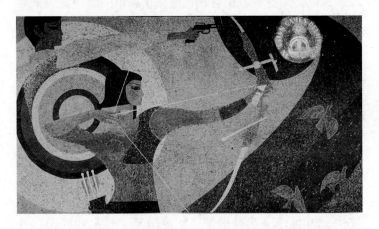

图2.8 地铁2号线建国门站《走向世界》局部，笔者摄

当时刚刚开通的地铁2号线，这条地铁线是大致沿北京内城而逐步修建的环形线路，与之前的1号线具备国防功能的修建意味不同，1978年改革开放后北京地铁的整体功

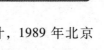

能转变为以运营与服务出行为主,据统计,1989 年北京地铁年客运量为 1981 年的近五倍。[①] 地铁已经成为每日有数十万人次经过的城市新兴空间。

从第一批公共壁画的题材和类型上看,《燕山长城》与《长江东去》是以宏大场景为特色的中国大幅山水壁画,是国庆 35 周年的献礼作品;《中国天文史》和《四大发明》是以科学、技术、神话因素为题材,应用象征手法与装饰性风格完成的作品,与地面场所(北京古观象台)形成呼应;《华夏雄风》和《走向世界》是以现代体育运动为表现题材,并且同为与地面北京工人体育场和北京工人体育馆形成呼应的作品。在壁画风格上,以上三个站点的作品分别与机场壁画《巴山蜀水》《哪吒闹海》《科学的春天》有着内在的统一,也从侧面反映出此时中央工艺美术学院这批壁画创作者在题材、技法、样式上所达到的阶段性成果。

因此,2 号线地铁壁画在城市空间中的发展更多源自城市空间自身的生产。从壁画本身的题材、类型以及技法上我们可以看出,此时公共壁画处于对中国壁画艺术的"复兴"阶段。这时公共壁画在题材上兼具古(山水、界

----

① 据统计,1981 年北京地铁年客运量为 6466 万人次,开行列车为 88500 列,日均开行列车为 243 列,日均客运量为 17.7 万人次;到了 1989 年,北京地铁年客运量为 31052 万人次,开行列车 276300 列,日均开行列车为 757 列,日均客运量为 85.1 万人次。数据来源:北京地铁官网地铁公司 1981—1990 年地铁大事记,https://www.bjsubway.com/corporate/dtdsj/2017 - 06 - 14/128485.html#。

画等）与新（人物、天体等），在技法与媒介上得到了拓宽，作品以反映时代前沿技术、体育人文、民族文化、大国景观这类紧随现代文明和表现国家风景为主。这种以宏大场景、科学技术和人文关怀为底色的公共壁画是 20 世纪 80 年代此门类的主要面貌，而新兴城市空间的生产为艺术带来了场域的拓展，二者联动所带来的社会学意义上的空间转型是现代艺术边界得到拓展的内在动因之一。

相较首都机场壁画来说，2 号线地铁壁画潜在的观者数量更大，受众群体与层次也更为多元，虽然在当时被看作"新颖的科普场所"，其实已经具备近年来"地铁美术馆"概念的雏形。空间生产与视觉媒介二者的不断结合与创造使"观者"的身份得到改变，由此"公众参与"也成为观测艺术系统时无法绕开的一点。康德时代建立于观看者和消费者视角下的艺术观念在进入 20 世纪后开始瓦解，随之连带的是艺术家与公众身份的变化，这对于此时的地铁壁画来说有些为时尚早，但正是这一批不断走入公众视野的艺术作品在打破传统界限的边际，并逐渐扩大公众对艺术的感知，之后的地铁艺术将被纳入一个更丰富的商品化和视觉化的空间中去。

四 进入社会公共事业语境中的艺术"体制化"与"工程化"

1982 年中央批准成立全国城市雕塑规划组、全国城市雕塑艺术委员会两个城市雕塑界权威组织，1984年，壁画作为一个独立画种列入《第六届全国美术作品展览》单项中，1985年，中国美术家协会壁画艺术委员会成立。这既表明城市雕塑与公共壁画对官方体制的主动依归，也标志着二者正式被纳入社会公共事业体系。1984年，中国雕塑壁画艺术总公司在北京成立，公司为中国建筑工程总公司的直属机构，由刘开渠先生任公司董事长兼艺术委员会主任。通过中国雕塑壁画艺术总公司（机构分为雕塑艺术经理部和壁画艺术经理部），将雕塑家、壁画家、工艺美术家、建筑家等带入市场环节中，同时，依托中国建筑工程总公司在中国香港和澳门、泰国等地区和国家的12个经理部承接业务。① 这种种变化构成中国20世纪80年代中期的一种特殊氛围：对一种占统治地位的官方审美的默认与追求，以及市场机制触发下的不可避免的竞相追逐。

此后，在围绕效率和效益运转的城市中它们又向工程化转型，亦产生了一些问题。其中，艺术家曾经遇到的问题与发出的诉求至此得到了全面的回应：①国家有关部门提供了资金、设备、施工支持；②公司制运营提供了一整套业务流程；③从前需求方与艺术家之间信息不对等问题得到解决；④酬劳按照公司制度获取；⑤公司承包艺术工

---

① 曹大澄主编：《中国当代雕塑壁画艺术选集》，中国建筑工业出版社1985年版，中国雕塑壁画艺术总公司简介部分。

程为艺术家提供创作和工作机会。由此，艺术在城市的实践进一步展开。相应的，艺术的委托方不再仅是"国家意志"或"人民群众"，"客户"是市场经济为国人带来的新名词，也将是之后伴随城市空间中艺术发展的一个重要因素。

　　20世纪80年代进入"自由市场"的大环境下，城市艺术出现一批代表作，譬如潘鹤的青铜雕塑《孺子牛》（广东）以及与王克庆等共同创作的汉白玉雕塑《和平少女》（中国北京和日本长崎），叶毓山等共同创作的铝合金人物雕塑《春·夏·秋·冬》（重庆），何鄂创作的花岗岩雕塑《黄河母亲》以及一系列放置在公园、广场、路口等公共空间中的城市雕塑；吴作人、李化吉等在曲阜阙里宾舍（山东）的壁画群，唐小禾、程犁等在中国军事博物馆的《华夏戎诗》（北京），秦征等在天津火车站的《精卫填海》（天津）等公共壁画。在全国高涨的城市艺术进程中，这些优质作品同时也遭到长官意志或者工程上马等因素下追求成效的复制，出现了主题上或者形式上越发背离艺术内涵或地域关联，乃至于脱离艺术审美的劣质山寨。这些在20世纪90年代后暴露得更为具体，公共空间中的艺术水准和作品准入度把控成为城市管理者、艺术家、评论家所关注的一大问题。

 小结

　　此段时期内，城市雕塑这种艺术形式以及城市规划思路下的城市雕塑管理系统在国内城市中一度占据主导地位。其中，很大因素是城市规划是一种官方行为，并且有相应的法律可循，而从事城市雕塑的艺术家和城市规划的相关指导者则基于此种原因一度认为城市雕塑是中国公共艺术发展的"本源"。

随着 20 世纪 70 年代末首都机场壁画项目的成功，公共壁画渐以重要和被官方认可的角色进入城市空间，并逐步形成与城市雕塑可分庭抗礼的（二者也通常统合在总体艺术的观念下相互合作）艺术形式。首都机场壁画项目的核心人物张仃以及袁运甫二位所秉持的"大美术"观念源自艺术家在创作上不止于某一种艺术形式、在思想上不局限于出身于哪个学科或所属于哪个系统（即学科综合化），在保持创作欲望、保持对生活的热情和好奇后所体会出的艺术所应承担的对生活、对人民群众、对城市环境的作用。这种观念与城市规划自上而下地推行城市艺术建设虽然是相反的，但最终目的是相同的。

在二者共同引领的前所未有的艺术介入城市活动中，也能看到其中的差异，即来自艺术本身的立体与平面、写实与装饰、造型与设计之差异。同时，通过分析 1978 年后至整个 80 年代城市建设中的这两种"主导"形式，我们能看到二者的共性。

第一，市场化经济体制激发出区域发展的利好前景，在与日俱增的公共建筑与休闲场所中，以永久性安置为标准的较大体量作品在其中承担着纪念、美化、美育的功能。此时完全宣传意识形态的艺术创作导向逐渐松弛，从阶级角度看待古代作品的观念让位于古典与现代因素在作品形式中的融合呈现，为 80 年代相对匮乏的群众精神生活带来了与此前三四十年不同的视觉体验。

第二，体制内的认同仍是其真正进入官方审美与实践平台的决定性因素。"国字头"组织与全国美展中作为独立画种出现是提供给艺术界人士的心理准星，官方选择也成为接下来各地艺术订件的风向标。"桂林的壁画画了桂林，北京的壁画也画桂林，黑龙江的壁画还是桂林，一旦通行就可无阻，而尚未通行者就处处是阻力。"① 这种模仿主义的盛行不只存在于国内。

第三，全国范围内的作品落地数量激增，质量出现问题。20 世纪 80 年代后期城市雕塑、公共壁画皆出现了类似的问题：80 年代初期的几项城市雕塑、公共壁画优质作品得到了官方的认可并持续获得了国内外的作品订单，也相继成立了挂靠政府部门的单位。然而这为相关领域从业人员带来了发展机遇的同时，也即刻暴露了艺术市场初期的不规范性。据粗略统计，1978 年至 1992 年期间全国建成城市雕塑 2000 余座，公共壁画的数量也在 1979 年首都机场壁画落成后于 1983 年激增到 200 余件。② 艺术订单所反映出的各地城市需求、城市雕塑和公共壁画管理机

① 侯一民：《壁画与实际》，《美术》1981 年第 10 期。
② 于美成等：《当代中国城市雕塑·建筑壁画：1978—2002》，上海书店出版社 2005 年版，第 28、100 页。

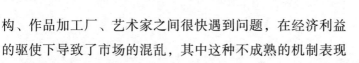

构、作品加工厂、艺术家之间很快遇到问题，在经济利益的驱使下导致了市场的混乱，其中这种不成熟的机制表现为各地产生的劣质作品。

第四，作为地标和城市名片的艺术作品的质量问题也连带激发了城市个性问题。"千城一面"一词至今也未能从城市化发展问题中被抹除，是因为大部分城市的文化特征与规划前景是不明确的，并且有跟风（特别是向首都跟风）的现象，因此20世纪80年代后期的劣质作品违背了发展的初衷，并且令居民的视觉体验变成了"审美疲劳"。①

伴随着公共事业体制与市场机制的规范与导引，以及城市艺术向工程化与效率化的靠拢，艺术在城市中大幅迈进的同时也显现出了弊端。"公共艺术"作为一个西方的艺术概念此时进入国内，何为公共艺术？它的内涵将得到怎样的诠释？

---

① 雕塑界、壁画界人士曾纷纷就城市中劣质的作品问题提出了警示，如：肖体焕《城市雕塑要防止粗制滥造》，《人民日报》1984年1月7日第2版；邵建武《六十多位壁画家呼吁清除城市建设中"视觉污染"》，《人民日报》1988年12月18日第3版。

第三章 "公共艺术"的出现与内涵辨析

　　"公共艺术"（public art）作为一个新词进入现代汉语，是国家改革开放带来的引介与吸收西方发达国家的技术、产品、理念及文化政策信息浪潮中的一环。20 世纪 60 年代的西方世界经历了一场文化的混战，在艺术的实践和理论领域，观念艺术、极简主义艺术、大地艺术等走向各自所追求的对世界的阐释和视觉化呈现中去。

　　其中，由国家和政府作为主体，出资在公共建筑和公共场所委托艺术作品的这种赞助模式，开始形成法律规范，并且用以促进社会文化福利和全民审美教育普及。这种"公共艺术"的概念在我国 20 世纪 80 年代末 90 年代初对英、德、法、日等发达国家的文本翻译中进入国内艺术界的视野。其中，国外大城市中公共艺术的表现形式、公共艺术与环境的结合方式以及在诸多国家已经形成法律的"百分比艺术"政策，首先吸引了国人的目光。对于当时西方公共艺术所一度追捧的形式主义、极简主义风格下运用金属材质和纯色装饰的大型雕塑，以及建筑室内外的大型壁画和以实用功能为主辅以艺术设计的城市家具，这类作品受到了国内艺术界人士的关注与学习。逐渐，公共艺术概念拓展了国内艺术界对艺术与城市关系的理解，并开始对曾作为国内城市中的两种"主导"艺术形式——城市雕塑和公共壁画——做以概念上的承接和整合。

20 世纪 90 年代北京的城市发展与建设开始大面积地铺开，城市化进程进入旺盛期，部分老旧街道和居民社区亟须改造、保有艺术文化背景的街区等待进一步的保护、工业厂址的空间转型与再生、商业场所的艺术需求等，最重要的是对北京这座城市的文化符号的提取与塑造，开始成为迫切的命题。

 中国 20 世纪以来与"公共艺术"内涵重合的观念梳理

中国对外来事物的认识与理解无一不是经历了引进、诠释、改造与再构建的过程。在 20 世纪初理解和接受"现代"概念时是如此，在"现代艺术""雕塑艺术"等新词于 20 年代初频繁出现时是如此，在 20 世纪末的最后 20 年中再次应对新的翻译热潮时仍是如此。在这背后，社会发生了相应的变迁，后者面对的是视觉媒介迅速发展所带来的巨大信息量以及文化上的消化和转换。

（一）20世纪上半叶渐次形成的"美育"与"公共的美术"观念

我们现在所熟知的"以美育代宗教"思想出现于中国20世纪早期，是在彼时社会历经震荡而遭遇的文化被动输入与知识界人士继起反思而主动吸纳之时所渐次形成并付诸行动的社会观念。

我们发现，这种观念与西方"公共艺术"概念被引介到国内之初，其指向和推动的艺术受国家资金支持、为全民社会服务、普及审美增进认同观念的内部释义有部分意义上的重合。虽然public art这个词语和概念的形成是在20世纪60年代前后，然而"公共性"及由此发展出的"公共领域"概念是在西方启蒙运动时期被促进和完善的，所以，蔡元培一代美育观中的部分思想颇有"公共艺术观念在中国的先导"的意味。这种先导在两方面展开。

首先，持进化的社会文明观念看待美术。其中，"以美育代宗教"的提出背景来自蔡元培先生对宗教与美术的解读。他认为宗教是哲学的初级阶段，宗教与美术有渊源。① "宗教是哲学的初级阶段，哲学发展以后，宗教实

---

① 蔡元培先生编译《哲学大纲》（1915）和《简易哲学纲要》（1924）是依据德文和部分日文书籍汇编而成的。其中，前者依据的是德国哲学家历希脱尔的《哲学导言》；后者是依据德国哲学家文德尔班著《哲学入门》、日本宫本和吉编《哲学概论》（文氏著作的节译本）汇编而成的。所以可以相信，这些教材类书籍的选择是蔡元培先生学习过或者是认同的，他本人的思想也部分出自此处。

没有存在的价值……宗教所以与哲学殊别的缘故，由于有教会"，这是蔡元培先生对宗教的态度。[1] 不难发现，西方启蒙思想以来的崇尚科学与进步的观念首先是要挣脱宗教，特别是教会的束缚，所以对宗教的批判来源于此。美术曾经是宗教殿堂的装饰品，但"现今宗教社会所以还能维持，全恃他与美术的关系"[2]。在谈及美术自身维度亦是，"观各种美术的进化，总是由简单到复杂；由附属到独立；由个人的进为公共的。我们中国人自己的衣服，宫室，园亭，知道要美观，却不注意都市的美化。知道收藏古物与书画，不肯合力设博物馆，这是不合于美术进化公例的"。[3] 他将美术进化的目光拓展至整个社会民众日常生活所到之处，强调社会层面的艺术普及与机构制度的建设要求。

其次，"美育"观在中国20世纪早期渐次形成的背景源自西方现代理念在中国的投射，这使得蔡元培一代从个人与群体的关系出发考虑美育的范围。一方面，受康德哲学中美的"普遍性"和"超越性"的影响，蔡元培列举去西山、中央公园游玩的人以及去埃及金字塔、希腊神庙、罗马剧场参观的人为例，说人人得而赏之，然不曰是于我为美，而曰是为美；另一方面，这种思想来自中国古代思想中对个人与众人的关系，"天下为公""独乐乐不

---

① 蔡元培：《简易哲学纲要》，北京出版社2015年版，第102—103页。
② 蔡元培：《简易哲学纲要》，北京出版社2015年版，第104页。
③ 蔡元培：《美术的进化》，《北京大学日刊》1921年2月15日第3版。

如众乐乐"。这也揭示了一种现象，就是人不能脱离群体而独立存在，人不是独居的，是处在人群中的，是所谓"天生就处于一个公共的社会关系网络中，因此逐渐形成了使他成为人的能力"①，也正是总结和发展了此点的德国哲学家哈贝马斯在20世纪60年代完成了《公共领域的结构转型》一书，提出了"公共领域"理论，并被后世公共艺术相关研究者不断援引。

但美术与美育并不等同，蔡元培先生所说的是美育可以代宗教，美术不能代宗教，因为他所理解的美育是广义的，而美术则意义太狭。② 这种对美育的解释与公共艺术概念所试图涵盖的范围何其相似？包括20世纪80年代后逐步推行至今的艺术介入城乡、社区营造、艺术计划、公众参与等观念，其实无不在前文中已经涉及，故而笔者认为这是蔡元培先生这种"泛美育"思想对中国公共艺术理论的先导其二。

（二）官方话语下的艺术社会职能

20世纪早期在中国社会中逐渐形成的"美育"与

---

① ［德］尤尔根·哈贝马斯：《公共空间与政治公共领域——我的两个思想主题的生活历史根源》，符佳佳译，《哲学动态》2009年第6期。

② 蔡元培：《蔡元培全集》（第7卷），浙江教育出版社1997年版，第370—377页；此处，美育的范围要比作为视觉（建筑、雕刻、绘画）和听觉（音乐）的范围大得多，包括一切音乐、文学、戏院、电影、公园园林的布置、繁华的都市（例如上海）、幽静的乡村（例如龙华）等，此外，如个人的举动（例如六朝人的尚清谈）、社会的组织、学术团体、山水的利用以及其他种种的社会现象，都是美化。

"公共的美术"观念是在文化界知识分子的思索、倡导与推动下，唤起了社会舆论对艺术公共性的转向，也开启了使艺术介入社会、民生并被赋予民族复兴革命事业之一员的道路。① 在这条道路上，艺术不可避免地被纳入官方体制化的考量中去，而此后各阶段的重视程度，则决定艺术能多大程度地被给予政治服务以外的存在空间，以及介入民众生活领域的影响力深度。

1942年5月，在延安文艺座谈会上毛泽东同志提出文艺为工农兵服务的方针，在《在延安文艺座谈会上的讲话》中说道："要使文艺很好地成为整个革命机器的一个组成部分，作为团结人民、教育人民、打击敌人、消灭敌人的有力武器，帮助人民同心同德地和敌人作斗争。"② 在这样绝对和统一的思想指导下，文化与艺术开始担负起与含有启迪、影响、培育的"美育"所不同的社会职能，成为官方话语指导下的执行手段，这一手段一直被沿用、发挥到"文革"结束。改革开放后，1979年邓小平于中国文学艺术工作者第四次代表大会中通过《在全国文学艺术工作者第四次代表大会上的祝词》传达官方对文艺事业发展方向的转向，其中不再提及艺术为政府服务的口号，而是根据新阶段的国家情况提出"文艺为人民服务、

---

① 翁剑青：《以蔡元培思想观念为中心——20世纪早期中国美术观念的公共性探略》，《公共艺术》2012年第1期。

② 中共中央文献研究室：《毛泽东文艺论集》，中央文献出版社2002年版，第49页。

为社会主义服务"的方针，正式调转了文化与艺术在社会中的职责方向，使其从单一性的评判标准转向现代化进程中所需求的多元兼容空间要素中去，试图符合社会发展所需的开放与自主性。2014 年，习近平总书记指出"把人民作为文艺表现的主体，把人民作为文艺审美的鉴赏家和评判者，把为人民服务作为文艺工作者的天职"①，极大程度地提升了文化艺术中人民的重要性，明确了对精神文明建设的重视。

从 20 世纪以来对国家具有远大抱负的倡导者来看，塑造艺术的公共话语在整个社会的现代转型中具有相当分量，因此官方体制的建立、修改与完善是推进文化艺术走向现代性、公共性的必要道路，官方将艺术放置在革命机器（或仅是换另一种说法）的一部分中，从来都是为整体而不是为某一个体而存在。因此，愉悦个人或小部分人的艺术形式在主流艺术思想中被排除，而为新中国得到人民群众身份的大众所创作的艺术得到保留。

（三）"社会主义文艺"与艺术商品化、市场化

改革开放后国家政策的调整改变了社会的走向，艺术自然亦步亦趋。

如果说作为艺术接受者的人民在之前并没有发挥出多

---

① 习近平：《在文艺工作座谈会上的讲话》，人民出版社 2015 年版，第 14 页。

少主观能动性,那么从这个时期开始就有了更多的反思,或是批判性和创造性的思想发声了。其中表现在:①部分历史性的回归与总结,可以说是广义美育观的延续;②西方思想的另一个引进高潮,对我国艺术在思想和形式上提供了大量新信息,公众参与意识的开始;③市场经济下艺术市场的迅速建立,更多反映在艺术形式的转变上;④更多开放性的争论。

时代的转变与现代化需求左右着艺术的发展。如果说"社会主义文艺"具有中国特色,那么艺术商品化则是20世纪以来世界范围内的通识。休闲文化领域受到重视最初被看作艺术的利好标识,但是事实比畅想和理论推导更快地反映出所谓的"高雅艺术"与商业文化并没有很好地融合,而是各自为营,高雅艺术被商业文化边缘化。① 文化被消费群体进一步细分,而市场驱使艺术走向商品化,意味着以格调高下或者政治正确与否作为评判标准的方式都不再是单一的准绳。

公共艺术对先前两种"主导"的承接与整合

公共艺术在中国同样经历了一个中国本土的诠释、改

---

① [法] 伊夫·米肖:《当代艺术的危机——乌托邦的终结》,王名南译,北京大学出版社2013年版,第62—65页。

造和再构建的过程。20 世纪 90 年代之后，中国的城镇化进程稳步发展，城市中的艺术得到了曾经渴望的更多的呈现空间。虽然其中潜藏的城市个性问题在隐隐作痛，但是城市文化特征问题在此时阻止不了国家经济亟待发展的脚步，公共艺术概念在此时也伴随着大量出版物传入国内。

公共艺术的概念本身没有一个统一或权威的定义，它不是特指某一种艺术形式或风格，也不是某一种艺术思潮或运动，它不能独自存在于社会和"复数的人"（人们）的概念之外，是随着人对社会的作用模式和介入深度而被不断创造和定义出的艺术概念。这种含义同样是随着公共艺术进入中国后，由社会中分属不同领域的学者，或者以不同方式参与到艺术创作或艺术体验的艺术家或个人所慢慢摸索和归纳得来的。在公共艺术概念进入之初，更多是对国外各大城市中艺术的载体形式、艺术与环境的结合方式、政府涉及艺术的政策这些方面高度关注，其中户外空间的城市雕塑、公共壁画、主题公园、城市涂鸦等艺术形式令国内的艺术家和相关从业者感到兴奋。逐渐，以上类别的艺术形式开始被"公共艺术"部分地替代，这背后也是对艺术与社会精神、艺术与机构的合作、艺术与公众的关系等问题的逐步认知过程。因此，公共艺术对先前两种"主导"的承接与整合过程，实际上是人们试图把艺术放到当代社会中去发生关系的过程。

（一）"艺术社会化、公益化"在中国的政策演进

在中国，城市同样是公共艺术最早的发生地。中国公

共艺术起初不仅在形式上对美国大城市有所借鉴，也一度试图引入以美国为首的发达国家的所谓"公共艺术百分比"政策。

中国所接触到的"百分比"概念来自美国。1933 年，罗斯福政府不断出台新的法案和建立新的组织机构来为美国人民提供工作和现金的救济，以此来减轻银行倒闭对社会的影响和提升就业率。其中，艺术家作为失业大军中的成员以及艺术本身所具备的文化内涵和视觉效应等原因，使其在罗斯福政府推出的众多政策中有了一席之地，由政府出面组建"公共设施的艺术项目"机构，请艺术家为国家公共建筑物、设施、环境空间创作艺术品，可以看作国家公共艺术政策的雏形。[①] 随着第二次世界大战后国力的逐步强盛，大批艺术家选择定居美国，使美国成为世界现代艺术的中心，国家政治、经济、文化的发展，提高了人们对生活品质的需求。1959 年，费城批准了 1% 的建筑经费用于艺术的条例，即从工程总资金中提取 1% 用于城市公共艺术的创作和建设，成为美国第一个通过"百分比艺术"条例的城市。从 1964 年的巴尔的摩到 1967 年的旧金山，一系列城市开始采用这个政策。法国、瑞典、意大利、日本、韩国以及中国台湾都有从国家（地区）层面自上而下推行的"公共艺术百分比"政策。中国在百

---

① 罗斯福新政所开启的对艺术的公共赞助具体参见笔者相关论文：李小川《美国政府与艺术——新政及之后的 50 年》，《天津美术学院学报》2018 年第 6 期。

分比政策上的尝试始于 20 世纪 90 年代。1996 年，深圳市南山区以立法的方式确定，从城建经费中提取 3% 作为建立环境雕塑之用（目前没有更多近年来的动向信息）；2005 年年底，浙江省台州市下发了《关于实施"百分之一文化计划"活动的通知》（目前没有更多近年来的动向信息）①，通过出台文化政策来规范和加大城市对公共文化事业的投入力度，以设立建设指导委员会（政府管理人员）和艺术委员会（专业技术人员）的方式试图推进环境、设施、人文在城市中的和谐程度。

改革开放后，基于城市建设的需要，国家对于城市雕塑的管理出台了相应的规定。1982 年 8 月，全国城市雕塑规划组成立。这是在中宣部的指导下，由城乡建设环境保护部、文化部和中国美术家协会共同领导的国家级城市雕塑管理机构。1988 年制定了《北京城市雕塑建设管理暂行规定》，1993 年又编制了《北京城市雕塑建设规划纲要》。1988 年的暂行规定是全国第一个城市雕塑建设管理规定，1993 年编制的城市雕塑规划纲要也是全国第一个城市雕塑的规划。20 世纪 90 年代中期，邓小平南方谈话之后，中国发生了巨大的变化，真正地以经济建设为中

---

① 2008 年，《台州市扎实推进基层文化覆盖工程》中称"百分之一文化计划"活动自 2005 年实施以来，每年推出一批符合规划布局的公共文化建设项目，引导和鼓励社会各界参与公共文化建设，至今全市首批 11 家试点单位已初具成效，不少建设单位的投入资金超过投资总额的 1%，总投入资金达 8000 多万元，第二批 15 家实施单位目前进展情况良好。http：//wh-sp. zjcnt. com/dtxx/zjwh/2008 - 03 - 13/66821. htm。

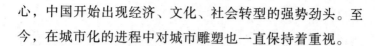

心，中国开始出现经济、文化、社会转型的强势劲头。至今，在城市化的进程中对城市雕塑也一直保持着重视。

（二）城市美化与"项目化"的公共艺术

20世纪90年代以来，虽然国内有台州市、深圳市南山区对艺术百分比政策的试点运行，但从全国范围来看仍然没有国家层面的艺术法规出台。公共艺术在中国尚处于政府、商业机构较为随机应景的应用，或是受商业活动需求下的"艺术项目"。因此，此时在资金调配、常设程序和公共参与等方面尚未建设起规范的机制和社会美育的相应方式。

一方面，受国家支持和部委牵头，城市雕塑的发展呈稳定上升趋势，同时部分省市亦出台城市雕塑建设政策，譬如1995年出台的《四川省城市雕塑建设管理办法》《湖南省城市雕塑建设管理办法》，1996年出台的中共中央办公厅、国务院办公厅《关于严格执行建立纪念设施有关规定的通知》以及上海市人民政府《上海市城市雕塑建设管理办法》，1999年通过的《深圳经济特区城市雕塑总体规划》，等等。基于政策的支持，雕塑公园、景观、壁画等作品与设施在城市中数量激增，潘鹤在1998年"上海城市雕塑国际研讨会"上从其作品《珠海渔女》（1982）及参与筹建的广州雕塑公园（1997）由艺术引发的经济效应方面提出了公共艺术的发展前景，不论是"珠海渔女在荒凉之地的周围吸引了国内外客户到这里建房投资"还是"广州雕塑公园一年建成后附近的新建楼房房价涨了一倍"，公共艺术所引发的社会效应已经得到验证。① 同样，回望 1999 年落成的作品《深圳人的一天》（深圳）、《大连建市百年城雕》（大连），则成为城市中难以替代的艺术符号。

另一方面，项目化的公共艺术背后流程的监管、利润的分配、后期的维护等问题随之而来。从立项到招标、委托、设计、加工、安装一系列过程中，每个环节均存在利益的分配，在统一的法规和监管机制缺失的情况下艺术则极易落入金钱的操控中，在对城市雕塑、景观艺术、公共艺术等的诟病中，金融资本之于艺术的"双刃剑"效应在艺术走向城市的过程中同样得到体现。

北京"公共艺术"创作热潮中的代表作品

以邓小平于 1992 年的南方谈话为标志，90 年代后中国的改革开放进入了从"特区"向内地推进的过程。继 1982 年的《北京城市建设总体规划方案》中开始明确提出北京作为"国际都市"的目标后，1993 年修订的《北京城市总体规划》继续提出北京建设现代国际城市的规划目标。而与 80 年代不同的是，对外开放政策和国外资

---

① 潘鹤：《对上海浦东开发区雕塑方面的建议——在上海城市雕塑国际研讨会上的讲话》，《美术学报》1998 年第 1 期。

本进入成为城市发展的最新动力。前文所述 1990 年亚运会在北京的举办形成了"亚运年"效应，也开启了北京进入 90 年代后全城中的新风。90 年代的最初几年城市中弥漫着几股风气——卡拉 OK 风、股票风、下海风……总而言之，对金钱和娱乐的追逐开始堂而皇之地走上台面。抓住利好政策获得财富的人们开始享受高消费的歌舞厅、酒吧和茶座，工薪大众则在傍晚围坐在街头或公园中的点唱机边。在城市居民对外来文化、通俗文化的接受和追求之下无法掩盖的是经济刺激下城市居民生活水平的断层。

据统计，20 世纪 90 年代，北京累计完善危改小区 168 片，竣工 53 片，竣工面积 1450 万平方米，拆除危旧房 499 万平方米，动迁居民 18.4 万户。[①] 其中，与 90 年代前的策略不同的是，旧房和危房改造的模式采取"房地产开发带危改、基础设施建设带危改和房改带危改"，这种模式将部分原住居民向旧城外迁出，将部分街区改造为以生产性服务业为主要功能的商务功能区。这种改造模式实际上改变了传统的"旧城"面貌和区划功能，改造之后的城市更接近我们当下所认知的北京城市风貌，而这一切实际上都在 90 年代后，或以 90 年代的改造活动作为基点在 2000 年后大规模地展开。至此，带有 800 余年（从金中都始算）历史风貌的北京城，在距今短短的近 30

---

① 刘牧雨等总编：《北京改革开放 30 年研究：城市卷》，北京出版社 2008 年版，第 56 页。

年的时间内发生了巨变。这种巨变之下，艺术与城市二者开始走向对等的彼此需求中，艺术成为城市中最急剧变化的参数之一。

其中，80年代城市中落成的一批城市雕塑、公共壁画、环境景观艺术表明艺术在城市区域中的地标性质显著，高质量的艺术作品可以提升甚至于赋予区域以文化属性，然而反之亦然，与安置地风貌相悖或主题千篇一律的作品同样会严重影响所在地域的环境，成为"视觉污染"。因此，进入90年代后，公共艺术以其舶来性的艺术观念进驻国内，并在平面媒体的传播中构成了国内部分艺术家、业界学者、城市管理者对艺术在城市中的新前景的基本想象。

此时期北京相继落成一些大型作品或作品集群，其中具有代表性的如下。

（一）红领巾公园

红领巾公园位于北京市朝阳区后八里庄5号，是朝阳区区属公园。红领巾公园始建于1958年，当时所在地周围仍是村落，并建有工厂。红领巾公园的最初规划即为工厂工人建造一处娱乐场所。在公园建成后曾遭长期污染，这个问题直到80年代北京展开绿化建设后才得到关注。1989年，公园污染治理竣工之际，正式确立了其儿童公园的地位（1958年公园在属东郊区政府管理时，在"大跃进"时期曾以少先队员义务劳动为名取名"红领巾公园"）。1990—1991年，红领巾公园经规划成为少年儿童主题公园,并分批落成了中外少年英雄雕塑和与儿童相关的故事雕塑。90年代初期的红领巾公园继承的是1984年石景山雕塑公园的模式,仍然是城市雕塑这一主导模式的延续,集合各地名家进行创作是新中国成立以来一种有力的业内调控系统的反映,从艺术创作角度来看,这对门类内进行阶段性的研究与创意是具有积极推动意义的。

1998年年底,以北京东四环的开发为契机,红领巾公园得到了朝阳区园林局的资助进行公园改善项目。在文化建园的发展方针下,红领巾公园选择了北京建筑艺术雕塑厂(简称"北雕")的艺术家进行合作。2000年,以《2000阳光下的步履——红领巾公园公共艺术展》为主题的19件作品在园内落成。与1990年至1991年所规划安置的英雄主题雕塑不同,公园方面与艺术的第二次接触为艺术家提供了比较自由的创作空间,即由艺术家通过对公园进行实地考察,对道路、草坪、湖面、树林等场景的实际形态、布局具备认识、了解后选择点位进行创作。

因此,2000年的这批作品与之前形成了鲜明的对比。(1)公园方将之前的雕塑移位到了新建的一座广场中,并搭配上花坛,取意境为"鲜花伴英雄",而新一批作品按照点位安置在园内东侧湖畔及西、北侧环形主路面周围。(2)新一批作品在形式上与传统的纪念雕塑、主题雕塑截然不同。如:在一片林荫旁使用管状钢材搭建的作品《枫树林》(朱尚熹),脱离了传统具象拟形和已沦为城市"菜雕"的流线造型,在高耸垂立的钢管顶部用接头延伸出与之平行的短管，并点缀以涂上了红色涂层的风车，形成与自然中树林反差极大的人工物，但作品的高耸与消瘦所呈现出的视觉上的空灵感（像在向哥特式建筑致敬一般），以及风车迎风的旋转，遮蔽了工业制品与自然和人类的疏离感。另有可作为座椅的抽象作品《芽形雕塑》（宫长军）、为儿童创作的彩色仿生作品《欢乐虫虫》（赵磊）、用致敬现代艺术的红黄蓝纯色方块点缀的《风向标》（宫长军）、在草坪上作为点缀和娱乐的《河马》（孙贤陵）、高度抽象的实用物《异形路灯》（许庚岭）等。（3）在活动举办的研讨会中，进入国内已十年有余的"公共艺术"概念进入了理论的反思阶段，与会的钱绍武、朱尚熹、邹跃进、王明贤、罗世平、殷双喜、展望、刘骁纯、盛杨等，皆围绕公共艺术能带来的艺术与人文精神的结合、艺术能否从公共意识出发又赋予公众以具体的功能、与传统的观看相比公众多大程度上能接受作品呈现出的现代形式美感等问题进行言论，这些问题在过往对大型主题雕塑、纪念雕塑的讨论中是极少出现的。①

（二）王府井商业街与皇城根遗址公园

在王府井商业街上，写实雕塑的安置是最"稳妥"的选择，因为它的艺术语言（写实雕塑）和艺术呈现

---

① 邹跃进：《2000 阳光下的步履——北京红领巾公园公共艺术研讨会》，《雕塑》2001 年第 1 期。

图 3.1　左为《枫树林》，右为《树下鸟》

资料来源：北京市人文空间雕塑研究所 BEIJING SCULPTURE。

图 3.2　左为《司马光砸缸》（1990 年落成的一批与儿童相关的
故事雕塑之一），右为《欢乐虫虫》，笔者摄

（老北京日常生活）是在"贴近"所谓的百姓生活。作为城市雕塑（和公共艺术）来说，这是比较中庸的思路和手法，对街道具有最基础的点缀和娱乐功能。而皇城根遗址公园作为老街道改建的另一种典型手法，具备同样的思路。这里首先是一个公园，需要具有公园提供给人的休憩、娱乐功能，然后借助于公共艺术"手段"，即考虑到群众的参与性和作品的艺术性，这些作品最终的呈现和城市雕塑一样，是维稳的创作思路指导下的中庸的雕塑、景观建筑。

图 3.3　王府井大街城市雕塑《大灌篮》

资料来源：陈平《王府井商业街皇城根遗址公园：城市雕塑与公共艺术》，中国旅游出版社 2002 年版，第 43 页。

图 3.4　皇城根遗址公园城市雕塑，左为《五四运动：翻开
历史的新一页》，右为《时空对话》，笔者摄

（三）中国抗日战争纪念雕塑园

中国抗日战争纪念雕塑园（以下简称雕塑园）建成于 2000 年，位于北京市西五环内的丰台区宛平城中，中国人民抗日战争纪念馆南侧，是占地 20 公顷的主题性雕塑公园。与红领巾雕塑公园在 2000 年再次进行艺术合作时所追求的功能性、景观性和公共性以及王府井商业街和皇城根遗址公园中艺术作品的世俗化、娱乐化、生活化所不同的是，雕塑园在视觉呈现上以艺术的专业性为主导。

虽然作为重要的政治工程，但继亚运会之后，工程中政府、艺术家、建筑师三者的结合已经有较为成熟的经验。雕塑园于 1995 年奠基，笔者在参与对时任雕塑园总体规划设计的建筑师马国馨先生的采访中了解到雕塑园在彼时时代背景下的设计理念、空间布局和艺术表现等方面的信息。① 在三角形的地块中，作品的高度、形态（圆柱形）这些基本要素已经有了统一规划，并且在整体空间设计上采用矩阵式的布局排列，此外留给中央美术学院创作团队的空间是以不同的主题来进行雕塑创作。从成品来看，38 尊青铜铸造的直径 2 米、高 4.3 米的雕塑柱组成的《日寇侵凌》《奋起救亡》《抗日烽火》《正义必胜》四部分是园区的视觉中心，借鉴传统兵马俑和碑林布局写实造型的雕塑群则展现了雕塑的本体性。在具体的创作中，仍延续了西方写实雕塑与中国民间雕塑技法结合的方式，这种纪念群雕范式在创作《庆丰收》组雕时已经开始较为成熟地应用，是半个世纪以来国内大型雕塑形式演进的大方向。从《人民英雄纪念碑》到《庆丰收》再到《收租院》，大型组雕作为公共空间中的一种宏大叙事方式同时也在寻找艺术专业内的突破。雕塑园中的作品不论从场地面积或是空间规划上看，都为大型纪念雕塑提供了创造空间。每尊组雕中的叙事性，也从"纪传体"转向为"小说体"。② 因此，在人物与场景的铺排、人物之间的组合以及每个个体形象的塑造上则要求脱离程式化的布局和脸谱化的形象，这也是较之以往纪念碑组雕的突破。滑田友感叹在《人民英雄纪念碑》创作中只有须弥座上

---

① 武定宇主编：《2015 中国公共艺术专家访谈录》，河北教育出版社 2016 年版，第 154 页。

② 北京市规划委员会、北京城市规划学会主编：《青铜史诗——中国人民抗日战争纪念雕塑园》，天津大学出版社 2005 年版，第 57 页。

才有浮雕且没有充分发挥出雕塑作用的遗憾，随艺术在城市中创作需求和创作空间的增加，逐步得到改善。

图 3.5 中国人民抗日纪念雕塑园内景观

资料来源：北京市规划委员会、北京城市规划学会主编《青铜史诗——中国人民抗日纪念雕塑园》，天津大学出版社 2005 年版，第 61 页。

这种雕塑本体语言与特定地域空间结合的视觉呈现，是 2000 年年初城市空间中艺术以其专业性（而非社会性）为主导的一次实践。在城市发展中，相较于广场纪念碑或大型组雕所集中凸显的权力象征，或者商品社会借用艺术达到装饰美化和娱乐大众的目的均有不同，雕塑园是艺术权力、资本和自身专业性之间，注重与发挥了艺术专业性的一个代表案例。

图 3.6　左为作品《赤子报国》，右为绘画图稿

资料来源：北京市规划委员会、北京城市规划学会主编《青铜史诗——中国人民抗日纪念雕塑园》，天津大学出版社 2005 年版，第 87 页。

四　小结

20 世纪 90 年代的公共艺术热潮毋宁说是城市化演进中人文艺术方面积淀之凸显。从城市社会学的角度来看，基于日常生活维度的有机城市规划势必要取代过分注重依靠功能性来运转，在冰冷的秩序感之下造成居民失语的"城市机器"。城市规划的方法与理念从宏观走向微观，从俯视的强调精确与标准走向漫步街道的微观民族志研究。艺术与生活成为观察现代城市有机规划的两个重要参数，如简·雅各布斯（Jane Jacobs）向城市设计者所提出的"不是试图用艺术来取代生活，而是回到一种既尊重和突出艺术，又尊重和突出生活的思想认识上……阐明、体现和解释城市的秩序"，公共艺术在现代城市中的重要观念之一就是形成艺术"自我表现"之外的公共实践，这种实践并非加之生活上的"艺术精品"，而是切合城市生活并赋予人群审美且舒适的人文精神体验。

公共艺术将先前城市雕塑与公共壁画的议题带向空间与人文的维度，与此同时将景观环境、建筑、园林、工艺美术等门类一并纳入概念范畴之内。一方面，进入城市公共空间的实践促生了框架之外的艺术观念，如博伊斯的"社会雕塑/建筑"概念、帕特里夏·菲利普斯讨论艺术家和代理机构在城市中进行"暂时性的艺术创作"等，但其负面反应同时也发生在"自我表现"与公共实践之间的缝隙中，造成了像主题、形象、材料、环境间的割裂（如所谓"菜雕"或"视觉污染"）；另一方面，公共艺术面向人群而关注公众的精神生活以及社会问题（如政治议题、环境问题、移民问题、拆迁问题等日常围绕在人们身边的问题），其脱离了固定的表现手法而转向寻求公众的注目与参与，但这种艺术实践在 90 年代是相对较少的。

图 3.7　反映北京城市拆迁改造问题的
《拆迁计划》系列（1995 年）

资料来源：王中《公共艺术概论》（第 2 版），北京大学出版社 2014
年版，第 364 页。

20 世纪 80 年代中期受市场经济激发涌现了一批美化环境的艺术作品，这些作品在城市中承担了社会审美培育的功能，同时其背后传达出的意识形态导向无疑也为艺术进驻城市公共空间打了一剂强心针。一时，通过官方机制选择并获认可的作品订件遍布全国（很多是非授权的仿制品），其中很多成为随后被加以诟病的"城市垃圾"或

"视觉污染"。这种情形到了90年代仍在持续，一方面城市中宏大叙事的纪念性、主题性作品在空间布局、艺术语言、媒介材料等的呈现方式上更为多样，同时在进入商区、旅游景观或社区公园等环境中以城市居民视角为出发点创作和设计的艺术小品、城市家具也日益增多；另一方面，缺乏艺术品位、专业设计和施工资质的劣质作品也一直存在，譬如位于北京市昌平区整一条街的80年代中期建成的劣质城市雕塑直至2001年才被拆除①，而像多处社区街道和街心花园中的劣质作品，则在群众一次次反映后才迟迟被挪走。②

　　艺术进入城市公共空间这一行为背后自有其动机存在。概括来说，得到官方授权和资助的艺术可被视为政治层面的延伸，就这一点不论是中国古代王权统治下的石窟、雕刻艺术，抑或现代中西方社会中的伟人纪念像、纪念组雕、大型公共壁画等，都可从中看到艺术作品所要传达的内容和意向。此方面的相关研究如柯克·沙维吉（Kirk Savage）的《自立成功的纪念塔：乔治·华盛顿与竖立国家纪念碑之争》（"The Self-Made Monument：George Washington and the Fight to Erect a National Memorial"）、殷双喜的《永恒的象征：人民英雄纪念碑研究》、巫鸿的《重塑北京：天

---

① 《北京昌平劣质城市雕塑被拆除》，2001年1月5日，东方新闻网，http://news.eastday.com/epublish/gb/paper148/20010105/class014800003/hwz284286.htm。

② 《北京拆除百座丑陋雕塑设立新城雕须获审批》，2002年9月12日，搜狐新闻网，http://news.sohu.com/69/78/news203127869.shtml。

安门广场与政治空间的创造》（"Remaking Beijing：Ti-ananmen Square and the Creation of a Political Space"）等。同时，经济动机亦是资助城市中各种艺术作品的重要因素，其中一种为国家层面由政府出资对艺术的公共赞助，美国 20 世纪 30 年代的罗斯福新政是其中的重要代表，它主要以降低失业率和美化城市为目的，其后开启了美国直至当下的政府对艺术的公共赞助。另一种来自企业对艺术的赞助，这种赞助通常通过基金会进行操作。企业对艺术的投资往往出于提升企业形象和维护建筑周边环境的目的，并且这种目的可以通过选择国际知名艺术家来达到，如"绪论"中所述，学者在其中质疑企业对公共空间中作品的选择是否考虑到了与空间及与接受者的关联，又或只是作为工具进行利用。另如艺术背后的文化动机，一方面，艺术进入城市公共空间作为一种大众文化审美福利而存在；另一方面，当代社会中文化同时也与地域政治形象、区域经济活力相关联。美国明尼苏达大学汉弗莱公共事务管理学院的两位学者 Ann Markusen 和 David King 的《艺术红利：艺术对区域发展的隐性贡献》（"The Artistic Dividend：the Art's Hidden Contributions to Regional Develop-ment"）为区域与产业经济学课题的研究成果。他们的"艺术红利"概念提出了一个论断，认为艺术活动是区域经济活力的主要贡献者，并在选定的美国大城市和"二线城市"中通过采访、调研和数据分析的方法进行研究。他们提出，"艺术红利"是由慈善家、赞助人、公共部门、区域性艺术机构、艺术教育与艺术家个体所共同承接的长期的产物，艺术家的活动和高的城市生活品质培育出这种隐性利润。艺术活动需要政府的"培育"，艺术基金会和赞助人需要对艺术投入更多的资助，并帮助其进入更大的国际市场。同样，区域内的企业和艺术界之间的联系渠道会得到加强，促进和方便艺术家进行商业设计、市场营销以及对环境做出贡献。具体来说，艺术活动通过两种形式为区域经济产生红利——即时的收入和作为对过去投资的整个地区的回报。最后，艺术家的主观能动性也影响着城市中艺术的最终面貌。如前文所述，从艺术家群体对创作空间和机会的寻求，到时代变化之下对作品被复制和滥用的无奈，以及在"自我表现"向公共实践转型过程中的挑战，作品呈现出的多元转向正是最好的映射。在以上环节中，社会公众一度处于完全失语的状态，是城市中艺术的被动接受者，但随着全球化发展所带来的产品、概念及其他文化元素的交流，公众的一环被邀请纳入城市艺术的链条当中，并成为21世纪之后艺术实践中重要的考量因素。

20世纪90年代的中国公共艺术方兴未艾，北京作为国家首都在艺术资源与观念上都相对走在前列。从北京的公共艺术面貌中可以相对典型地看到上述政治、经济、文化、艺术专业性等诸方面的博弈，这种博弈将在下一个十年中更加鲜活，高速发展的城市进程中艺术将蔓延到更深的层次，而城市也开始"主动"寻求艺术的介入。

第四章　城市形态嬗变与艺术实践之互相映照

　　进入 21 世纪后，北京的重建与扩张速度之快使城市的总体面貌按十年或者仅五年为单位进行着改变，这种建设效率是这座城市前所未有的。

　　很长一段时期内，艺术创作处于配合劳动生产和美化装饰的"次要"地位。与先前这种艺术进入城市公共空间所受到的限制以及为此所进行的竞争相比，2000 年之后的城市开始"主动"寻求艺术的介入。其中，首先是高等院校相继设立公共艺术专业，这些专业起初设在与环境艺术设计相关的设计专业下或与雕塑相关的造型专业下。同时，作为高校教师的专业人员在校内授课的同时兼任城市规划方面的顾问或接受某场所的艺术订单创作作品。与被动地等待分配的状态不同的是，改革开放初期，恢复高考后进入大学的一批学子在此时逐步成为高校的中坚力量，在教育断层后再一次经过各地高校专业体系培养出的人员自主地在社会中寻求自我价值，并通过举办或策划展览，与海外高校学者、艺术家交流以提升自己的社会价值。

　　艺术从业人员频繁的社会活动拓展了艺术在社会中的存在边界。城市开始"主动"寻求艺术介入的背后，不单纯是市场经济发展下城市生产出了更多类型的物理空间与场所而需要艺术的附着，同时也体现了艺术在权力、资本和自身专业性之间的抉择。当然，也包括城市居民随着日常活动范围拓展和自身视野拓宽对文化艺术需求的提升。

　　在本章中将讨论城市开发进程中城市社区、轨道交通、改建后的历史街区、老工业区等空间中通过艺术的介入而被再造与再认识的过程与问题。

一　北京城的开发与繁荣

（一）不断变化和扩张的"城市"概念

　　环北京城周边以"工业卫星城"模式为规划基础的10 个卫星城——黄村、良乡、房山、门城、沙河、昌平、延庆、怀柔、密云和平谷，据统计在 1993 年至 2003 年十年中人口的增长速度为市区和近郊区的 1.7 倍。其中除北京市人口的迁移外，基于工作或生存因素而选择卫星城的外地人口占据了卫星城总人口数目的一定比重。2004 年，经修订后的《北京城市总体规划（2004—2020 年)》提出"在城市范围内构建两轴—两带—多中心的城市空间结构，并在这个城市空间基础上，形成中心城—新城—镇的市域城镇结构"，其中在之前被称为"卫星城"的房山、昌平、怀柔、密云、平谷、延庆，被列入11个规划"新城"的概念里。① 从新中国成立初将原属于河北的几个县划归北京（如平谷、密云、怀柔、延庆），到形成郊区、卫星城、新城的过程，实际上是北京不断发展为国内大城市、国际化城市过程中所必经的地域扩张、人口膨胀、产业转型、资源转换升级的过程。

在北京，新中国成立初期房屋作为非生产性建设，其标准一直是按最低标准节约建设，并且随着城市人口的增加而不敷使用。20世纪七八十年代环旧城之外兴建了一批密集的居民小区，90年代之后又有开发商营建封闭式中高端小区。加之旧城、远郊棚户区、乡（村）的改建要拆除部分民居并重新安置房屋，这些房屋的变化使一部分北京居民脱离了家族原本居住的地区，外地人口的进京和安家所需的房产购置使北京、外地人口在城市中混杂而陌生地居住，并逐渐基于新的居住环境形成新的社区认同感。由于不同的土地、房屋政策和社会生活习俗，改革开放至2000年的北京处于市场经济初期，城市化程度和线下城市丰富度都仍在前进中。2000年之后，北京申奥成功，成为城市注重文化形象、社区营建、居民自我认同和

---

① 刘牧雨等总编：《北京改革开放30年研究：城市卷》，北京出版社2008年版，第58页。

展示欲望提升的契机。

也即是说，近郊区的市区化、周边郊县的辖区化所带来的城市扩张改变着人们的日常生活。虽然部分原住民仍以他们的固有观念定义着"北京城"的范围，但这无法阻挡城市开发的脚步：1999 年开始的住房货币化改革是市场机制、权力机制作用下的一次区域人口的再分配，也是一次个体（和家庭）对于居所的再选择，以此衍生出的经济效应可能会在数十年内影响到他们，涉及他们的居住环境、子女教育以及与日常生活相关的文化娱乐配套设施等。

（二）赋予街道和社区管理职能的管理重心改革

以 1998 年为分水岭，北京的城市管理体制发生了变化——将传统的以市级管理为重心的职权逐步下移到区、街两级。其中，街道一级是联结政府与社区的中间环节，在改革中将承担更多的日常管理任务，而社区作为集中社会中的一定地域范围群体的基层组织，也被赋予了管理职能。这种被称为"两级政府、三级管理、四级网络"的城市管理体制一直被沿用到当下。[1]

这种城市管理体制的改革为社区营造奠定了工作基础。进入 2000 年后，北京市的城市管理工作会议重点围

---

① 刘牧雨等总编：《北京改革开放 30 年研究：城市卷》，北京出版社2008 年版，第 87—92 页。

绕社区建设的思路、重点和任务展开，现代化城市新兴社区的构建任务被提上了日程。另外，改革开放之后的城市扩建是在原有的环状基础上向四周延伸，新建的居民小区与传统的胡同面貌截然不同，新建的居民小区人口是原住民、旧城搬迁户和外来移民的聚集体。这类居民小区最初

图 4.1 《龙须沟·小妞子》雕塑，
北京金鱼池社区，笔者摄

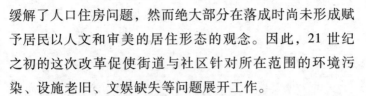

缓解了人口住房问题，然而绝大部分在落成时尚未形成赋予居民以人文和审美的居住形态的观念。因此，21 世纪之初的这次改革促使街道与社区针对所在范围的环境污染、设施老旧、文娱缺失等问题展开工作。

如位于北京南城的金鱼池社区、北五环外的天通苑社区和后文将提及的大栅栏社区，都因各自历史因素的积累（下层原住民生活区、经济适用房居民区、历史遗存的商住两用区）而成为亟待被改造的对象。而在这次的社区改造中由于纳入了市场机制和社区民主自治机制，故而对社区历史情境的追溯与彰显、对社区环境的设计感和视觉美感的营造，以及对提高居民文娱生活品质的提升部分都加以着眼。其中，金鱼池社区尝试以壁画、雕塑联动构成的历史诉说，天通苑社区购入安置的民俗雕塑①，以及大栅栏社区相比二者稍晚进行的更新计划，这些有艺术介入的改造在今天看来虽然有概念上的局限或审美上的不足，但也从侧面体现了在城市管理职权下移之初艺术参与的初步实践。

 城市多极化下的艺术审美与取向演变

（一）人口数量与地域分布的演变

1978—2008 年北京的人口数量、结构和空间分布发

---

① 翁剑青：《景观中的艺术》，北京大学出版社 2016 年版，第 375—382 页。

生了以下变化。其一，常住人口激增，2008 年北京的常住人口数量约为 1978 年的 1.945 倍，30 年间增长了 94.5%。在常住人口数量中，非户籍外来人口数量从 21.8 万人增长到 465.9 万人，增长了约 20.4 倍，而北京本地人口则从 849.7 万人增长至 1229.9 万人，30 年间自然增长率下降了 3.39 个百分点（其中受 20 世纪 80 年代开始严格推行的计划生育政策影响）。其二，30 年间，北京城镇人口从 479 万人增长到 1439.1 万人，增长了约 2 倍，相反乡村人口则从 392.5 万人下降至 255.9 万人，下降了约 34.8%。据统计资料反映，30 年间北京城镇化率从 1978 年的 55% 提高到了 2008 年的 85%。其三，北京常住人口中城区人口呈从城区向近郊区、远郊区县扩散趋势。特别表现为，从 1982 年（第三次人口普查）到 2008 年，朝阳、海淀、丰台、石景山四个近郊区的常住人口从 284 万人增长至 835.6 万人，增加了 551.6 万人口，近郊区人口占全市人口的比重从 30.8% 提高至 49.3%，提高了 18.5 个百分点。[①] 而 2000 年以来，通州、顺义、昌平、怀柔、房山、大兴等远郊区县开始吸引人口，城市发展新区和生态涵养发展区的常住人口密度也在增长。

此外，加之从对此时段内流动人口的综合统计，以及外籍常住人口、外籍流动人口的推算统计综合而得出，在

---

① 于秀琴主编：《北京统计年鉴：人口与就业（1978—2008 年）》，中国统计出版社 2009 年版，第 51—85 页。

1978 年至 2008 年的 30 年间，北京人口急剧增长，省市、城乡壁垒被打破后人口向北京大规模地流动，成为北京城市发展的动力基础。人口的空间分布在发生变化，在北京城市化发展的背景下，近郊区、远郊区县接受和吸引了人口前往，北京开始演变为特大型的、国际化潜质的城市。

（二）延长中的两极：国际化与生活化

当代艺术展览及其衍生的发布会、研讨会和相关宣传活动促使艺术在社会中的交往边界不断扩大——媒体、出版商、展览场地方、商业活动合作方、来自官方的为活动"增加影响力"的人员以及普通公众。在官方所看重的区域美化政绩（包括确定其中没有艺术表现上出现政治问题）之外，这类艺术活动（并非全部都是有意识地）逐步发展成为北京与国际间对话的窗口，以及区域范围内的非艺术界人员、本地居民等地域共识的媒介。共同推动和达成这种社会效应和受益，可能在艺术家、策展人、学术顾问这类专业人士的事先筹划之外发生，但明显这种效应成为 21 世纪第二个 10 年中明确被纳入策划案中的一个重点。当艺术的社会功能成为艺术界人士所寻求的一个新突破口后，艺术之本体也随之而改变（或消解），观念艺术时代正式到来。

我们可以理解这种艺术趋向：既体现出对国际艺术交流的热切迎合，又对富有民俗内涵及观照生活的艺术展开怀抱。因此，国际化与生活化作为城市包容度的两极，有效地说明了艺术在其中的延展性，二者通过资本的介入与媒体的传播对公众舆论产生影响并拓展了公众对艺术的认知和接受程度。

此外，国际化与生活化二者取向并非一洋一中。从2000年年初的国内艺术界来看，将自身的作品放到拥有不同国家文脉的作品当中以此产生对话，这是艺术的国际交流中的重要意义。2002年文化部和北京市人民政府共同举办了"2002中国北京·国际城市雕塑艺术展"，并将主会场定在长安街延长线玉泉路西南侧，定名为"北京国际雕塑园"。这次展览共计收到国内省市685位作者和62个国家地区850位作者提供的设计方案2400余件，经两轮评选后确定制作100余件足尺雕塑。[1] 2002年7月至8月，艺术家在展览现场完成了从开凿、打制、塑形到进场安装的工序，这些过程全然被媒体采访记录了下来。与此并行的配套活动——学术研讨会、专题展（面向少年儿童的雕塑设计大赛）、主题摄影比赛（"雕塑在城市生活中"）则纳入和推动了艺术专业外的公众互动，这种互动中增添了公众的自主性审美表达，使非专业个体的个人话语有更多机会向公共话语转化。后来发展为北京中外艺术交流地标的798艺术区同样发端于此时。如第三章在论述北京"公共艺术"创作热潮中的代表作品时所举中国人民抗

---

[1]　以上数据来源于2002中国北京·国际城市雕塑艺术展组织委员会编《交流　融合　超越——2002中国北京·国际城市雕塑艺术展实录》图册。

日战争纪念雕塑园一例，正是当时中央美术学院师生由于创作空间需要在 798 厂区租用厂房，后来慢慢形成了艺术家聚落并发展成为集艺术、商业及观光于一体的现代艺术中心。

国际化与生活化都在将当代社会中的文化内涵进行革新，生活化的侧面应是国际交往产生之对话的映射，二者共同提高艺术在社会中的层次与内涵。

 ## 三　艺术实践场所的蔓延与空间转型

> 换言之，艺术领域的独特性并非源于事物本身（哪怕特殊化的操作确实能够产生现实效果），而是投射到事物上的价值观体现，是一系列价值提升操作的结果。
>
> ——纳塔莉·海因里希（Nathalie Heinich）
> 《艺术为社会学带来什么》

进入 2000 年后，北京的城市建设依据国家总体战略部署迈入"新三步走"的第一阶段。其中，对北京的城市基础设施、生态环境和人民生活水平各方面，皆有继续完善和提高的要求，这是为使北京成为国际大都市而必须奠定的基础。

城市中的艺术实践在发生转变。不论是基于首都发展战略部署制定的城市建设规定，还是受经济发展刺激产生的人民生活贫富差距，体现在城市中的现象是市区环境的快速更迭以及城乡过渡区、乡村地域生发出的发展空间。艺术之于城市，既在于其蔓延到先前所未曾涉及的城市空间，又在于在这些空间中场域的出现和复杂化，因此，这不仅是艺术发生场所的变换，同样也伴随了原空间的转型。基于此背景，城市公共空间中的艺术呈现成为流转于权力、资本和自身专业性之间的不断抉择，并由此拉开了城市中艺术多元化的帷幕。

（一）艺术与城市的关系新动向

为学者所定义的 20 世纪下半叶的全球化都市危机最大的表征是世界范围内都市区域面貌的强烈变化，这些变化又成为阐释"都市重构"课题的命题之一。日本美术评论家和公共艺术项目策划人南條史生提出，从城市建构的层面再去理解城市与艺术的关系，可以按照"点、线、面、立体、空间"这个顺序来逐步深入。与在物理空间上的点、线、面上放置的雕塑或壁画等不同，立体指的是对建筑形态、对街区整体造型的把控，而空间不是指作品的三维性，而是艺术进入广场空间、路面空间、建筑内部空间乃至整个城市中所要秉持的概念和提出的建议。[1]

日本的都市化运动比中国进行得要早，但是在艺术进

---

① ［日］南條史生：『美術から都市へ：インディペンデント・キュレーター 15 年の軌跡』,鹿島出版会,1997 年版,第 26 页。

入城市的步伐上两者有相似之处，即他们都是由户外的单体雕塑或公共壁画开始（日本户外雕塑的繁荣时期为20世纪60年代），从具象的神话人物或等身人物开始，逐渐受西方现代主义以来风格的影响开始发生变化。在这个西化的过程中，评论家和策展人开始获得独立的业内身份，并且直接参与到城市的实践互动中去。如前文所述，受同一建筑工程委托而并置存在的艺术之间仍旧是孤立存在的，所谓对西方"公共艺术"概念的引进与解读，以及中国公共艺术的存在起点，始于对公共空间（并非简单的展览空间）进行总体的艺术设计与人文关怀这种参与方式成为可能。东京的卫星城市立川在20世纪90年代完成了从美军基地旧址到艺术小城的转变，创意产业之风将在2000年后刮入东方的大地。

（二）艺术实践场所的蔓延

本节从城市的旧城、远郊、地下三个空间中分别选取艺术实践做以考察。

1. 旧城的异景——国家大剧院

持续的建造与变化是世纪交替中北京之常态。北京的旧城，在20世纪90年代后一改之前十年的改革策略，开始施行房地产开发、城区扩张、部分常住人口迁出和街区功能再划分的改造模式，从而一步步勾勒出了这座城市直至当下分向四面多点空间布局的风貌基础。在这段城市景观的迭变中，位于城市核心地带的国家大剧院建筑，在样式上跳脱于其相邻的人民大会堂、天安门广场、故宫博物院及西长安街沿线建筑之外，成为一道异类的景观。

如今文艺活动不断上演的国家大剧院却在20世纪90年代末遭遇过一系列的争议，并且在这之前又历经了40年的筹备与搁浅。1996年，党的十四届六中全会通过了《中共中央关于加强社会主义精神文明建设若干重要问题的决议》，其中就包括"有计划地建设国家大剧院等一批具有重大影响的重要文化设施"，这让国家大剧院的建设被正式确定下来，国家随即就此确定了大剧院的位置（人民大会堂西侧）、组织成员（国家大剧院建设领导小组和工程业主委员会）、建设规模、时间与资金。如此大型的国家级文化设施，在落地后遭遇了一系列的争论，这些意见上的相左，始于其视觉表征——作为建筑的国家大剧院，这座建筑将代表迈入21世纪的北京乃至中国的文化风向标。

国家大剧院的诞生过程极其漫长，工程的招标始末在《城市规划》杂志2001年第5期有大事记格式的记载①，在《六十年国事纪要：文化卷》第三十二章中也有比较详细的记述②，其余从各角度记述和评论此建筑工程的记录、论文、传记、回忆录等亦不胜枚举。

后文将从技术、制度、文化三个递进层面对这座旧城中的"异景"进行探讨。

---

① 《国家大剧院》，《城市规划》2001年第5期。
② 夏杏珍主编：《六十年国事纪要：文化卷》，湖南人民出版社2009年版，第349—365页。

（1）技术的突破

由于法国建筑师保罗·安德鲁（Paul Andreu）及其方案中呈现出的现代性特征，这座建筑曾引发了"中、外、古、新"四类形式中应该作何选择的争论。而它的"外而新"的形式以及相配套所需的技术和资金要求，则又激起了一部分业内人士的争议。

技术层面之异直接来自国家大剧院的工程建设招标结果。从1997年的国际招标开始，到1999年确定安德鲁设计方案为止，如今广为人知的椭圆如"水珠"形的大剧院建筑外形已经呈现出雏形，而这个设计方案的大胆构思以及为呈现出此设计方案要面对的挑战，也直接被摆到了眼前。与传统中式建筑中要解决的结构与施工问题不同，安德鲁设计方案本身指向了现代主义的建筑技术问题，因此对于各种分歧要解决并落实的即是技术问题与资金问题，如果无法将设计方案落地〔不论是无法解决技术难题（如基础设施安全、结构的施工、材料的使用），还是解决前述一切所需的资金〕，那么面临的就是此方案的不可行和大量人力、物力、财力的损耗；如果设计方案最后实施为实体建筑，那么这代表了诸项技术难题在实践过程中已被攻克，也就是这个前卫的"天外来物"般的设计实际上是可以完成的。

报告显示，大剧院工程选址的地质条件以及现代设计的建筑外形对结构防水质量、混凝土结构、壳体钢结构、壳体屋面结构的要求极高，加之繁杂的装修和装饰，整体工程的技术和组织协调要求均为难点。具体施工采取三家大型总承包企业联合体的形式，分别负责土建施工、装饰装修和壳体钢结构施工。在工程中，从基坑支护到结构施工到景观水池安装，均需要技术上进行自主创新。① 国家大剧院的落地背后是工程管理和技术上的配合与突破。

（2）制度的活化

初期，围绕国家大剧院的争议之根本在于这座建成后的建筑物与中国特色社会主义的方向是否吻合。它的"外而新"是否犯了艺术教条主义，是否在完全模仿和抄袭外国人。这个问题是质疑方手中最为锋利的武器，因为它与国家的根本制度问题挂钩。

取得官方承认并被纳入城市规划的空间在北京有很多，它们是更加宏伟的计划中的一部分，在适当的条件下立项开工，也因此这类国家项目恰能反映出每个时期中社会对城市空间营造的不同需求。那么，被接受为天安门广场建筑群中新的地标性建筑的国家大剧院，同样得到官方的授权而融入旧有的空间系统。这种发生在中国典型政治性空间中的变动，很容易被乐观地视为一次充满实验性的艺术介入，进而被理解为对北京城市空间严肃功能分区和等级化的打破。

在建筑回忆录中安德鲁谈到悉尼歌剧院的设计："鸟

---

① 李成义、邵茂：《国家大剧院工程管理和技术创新》，《工程质量》2008 年第 22 期。

松将两者（城市和大海——笔者注）结合起来，重绘了一个剧院平面图。他将它们等而视之。悉尼歌剧院对这座城市而言远远超过了一座剧院，它向公众开放了一大片散步区域，使港口空间重生。在歌剧院周围的任何地方，公众仿佛在自己家里一样惬意舒适。后勤入口并不把空间分成三六九等，它们不会造成障碍。这是这个方案的第一个伟大之处。"① 空间的去等级化贯穿着安德鲁对国家大剧院的整个设计思路，这也解释了大剧院外形的设计意义，即回避出现"糟糕的立面"，在城市核心区域中首先保留出公共空间——首先是一条道路或广场，然后是赋予它更多人民对空间的使用权力。

（3）文化层面之风向

如何能一定程度地抑制住我们从当下的结果与既有认知出发，去回推与合理化事物发展的脉络，进而能站在所述时代的坐标上去进行分析和判断，这直接影响到结论的可信度。从整个建筑项目委托之初谈起，继而到技术问题，再到制度的运作解读，最终上升到文化的层面，即是试图去理解这座城市文化建筑之"异"的存在合理性。

21 世纪即将进入第三个 10 年，不论是北京通过举办国际奥运盛会而进一步跻身国际都会，还是中国近年在国际社会中的形象、位置、影响力的系列变化，都可以直观

① ［法］保罗·安德鲁：《保罗·安德鲁建筑回忆录——创造，在艺术与科学之间》，周冉等译，中信出版社 2015 年版，第 167 页。

地感受其中的转变。如建筑师安德鲁所见，西方大型城市（如伦敦、纽约、巴黎等）均经历过大规模拆迁与重建，以建设来匹配或赶超时代发展所需的新型建筑和设备，而中国的这种需求在 2000 年年初被大力传达。

2. 远郊的新意——长城脚下的公社

从 21 世纪初开始，中国大陆开始掀起一股住宅产品商品化（即房地产业市场化）的热潮。这不仅是改革性的住房制度调整，也为中国大陆一线城市的建筑行业开辟了一种话语体系。建筑作为现代艺术的一个门类进入公众视野的历史无法追溯得很远，新中国成立后开展的大型公共建筑项目，在创作理念上以政治目标为前提、以主题的宏大叙事为表现主旨，在形式上以继承传统为主，建筑师在艺术语言上的个人发挥空间极小。在 20 世纪 90 年代后，邓小平的南方谈话被视为中国新一轮改革开放的信号，房地产业迎来的扩张期催生了新中国成立以来建筑界最大数量和规模的展览、奖项以及社会需求。这股房地产业与建筑界的跨界合作在 90 年代中后期迅速体现，从 1995 年华侨城"承建与代管"何香凝美术馆开始，其后每一年都在城市中上演着建筑界的"建筑实验"以及与之相联的中高档地产项目，它们试图共同去打造出中国改革开放以来与城市新中产阶级相符的生活质素。

地产商人潘石屹符合在改革开放利好政策中身处激变但抓住机会经商致富的商人的缩影形象，他曾在各种公开场合表示"最感激的人是邓小平"。潘石屹与妻子张欣在北京开发的 SOHO 现代城以 SOHO（Small Office，Home Office 的简称，意为居家办公）理念进入国内市场，以"细节为王"的概念与彼时北京相对单一的住宅形成区别。进入 90 年代后，城市人群的生活、工作、娱乐都在发生转变，房地产业的选择方向回应了城市发展的诉求，它成为市场经济体制下城市规划与扩张的直接反应——首都传统的单一功能分区（生活区、工作区、商业区等）正在自觉地被打破，同时能满足生活、工作、商业的综合体在每个行政辖区内均被需要。由此，由商场、酒店、餐馆、办公楼、步行街、车站枢纽等组成的提供消费和娱乐功能的商圈，与由商品房、单位分房、街坊老房等地缘关系组成的各档社区，在各个行政辖区内交错共存，逐步也因地段、品牌、品质等因素档次趋同。

（1）定位的转变

长城脚下的公社前身——"亚洲建筑师走廊"地处北京市区西北方向的远郊延庆区，位于八达岭镇石佛寺村水关长城附近的山谷中，建筑面积 8 平方千米，最初试图凭借长城所代表的中国传统文化意向之"古"与亚洲青年当代建筑师跻身国际建筑舞台面貌之"新"的碰撞，使后者成为在建筑史中可占据一席之地的里程碑事件。这一基于地产开发商人巧妙地投资战略而促成的建筑创作，在完成后更名为"长城脚下的公社"，于 2002 年获得了威尼斯双年展第八届国际建筑展的"建筑艺术推动大奖"。作为中国第一个以建筑项目参展所获的国际奖项，其在展后迅速调整了项目定位，由原定出售的样板住宅转型为建筑艺术博物馆与高端酒店，使它的艺术、商业、文化价值开始在市场杠杆中受到最大限度的激发。同时，无论长城脚下的公社将多大程度地辐射到普通民众，在进入21世纪之初的节点上，它反映出一种首都北京应如何应对彰显历史与城市更新二者关系问题之尝试。

（2）文化景观与间接经验

当代艺术在中国的运行体制受到了西方既有机制的影响，因而能迅速地搭建起展览、流通、评介的外部体系。这个经过检验可以运转的机制被封装并被纳入更多元的市场后，无疑为分散在各地的艺术创作个体提供了准许并同时可以批量进入当代艺术领域的通道，并且在筛选中形成精英集群。同时，对艺术精英及其作品的赞助与收藏在古代中国早已有之，虽然在中国艺术史研究中避免过度着眼收藏赞助的行为以免对作品本身的解读造成偏见，但收藏这种行为本身却一直贯通整个艺术历程之中，收藏与鉴赏是追求与（潜在地）彰显品质、旨趣、身份与权力的体现。

以"收藏建筑艺术"为概念的长城脚下的公社同样无法脱离这种内核。虽然它以塑造一种新的亚洲建筑精神为标榜而选择年轻的建筑师，但其也只是作为一个更为年轻与开放的实例存在于上述机制中，所以长城脚下的公社是代表当代建筑同时在中国当代艺术体系与全球资本市场中寻求落脚之处的一次尝试，是艺术精英与商业合作进入国际视野的一次尝试，而正因为它在国际展览中对中国本土性与实验性的展示，使其在回归国内后成为首都区域内的一处文化景观。

2005年，长城脚下的公社交由凯宾斯基饭店托管，精英审美和高消费价格隔绝了城市中绝大部分中下层收入者，但地处水关长城的地理条件与网络上的图片传播仍然吸引了观众前往参观。长城脚下的公社成为与远在美国、欧洲现代艺术博物馆中的作品一样的异域景观，它对于所在城市的绝大多数人群来说是遥远的文化意象，等同于新闻图片、杂志、网页资讯等带来的信息。因此，长城脚下的公社存在于北京的意义不同在于：其一，它是与传统居住功能不同的体验性建筑，或者说新媒体时代"网红"概念地标的前沿者；其二，这种无法随意踏足的空间隔离带给人们的仍属于间接经验。

3. 通往地下的展场——地铁中的艺术

20世纪80年代中期，北京地铁2号线公共壁画的出现成为国内地铁公共艺术之初期范例。与旧城、远郊中的艺术实践不同的是，地铁作为公共交通的日客运量极大且人员层次多样，如果仅从潜在的观众数量角度看的话，这种可估算的人员密度无疑是地铁公共艺术长期发展的最佳温床。然而，自地铁2号线公共壁画落成后，不论是首都地铁网络建设抑或地铁公共艺术的建设，都没有快速而连续地进行下去。一方面，由于地铁工程自有一个周期设定，另一方面作为公共壁画的地铁公共艺术仍旧是国家政治文化及其意识形态的反映，在艺术形式及内涵上并无突破性的发展。因此，目前学界大体以 20 世纪 80 年代地铁公共壁画初现、2005 年前后为迎接奥运会地铁线路扩张以及 2008 年奥运举办为节点，将北京地铁公共艺术发展按照三个阶段进行考察。

前文中对于旧城与远郊两个空间中的艺术实践采用"异景"和"景观"二词，实际背后经过了对米切尔所提空间（space）、地方（place）、风景（landscape）三个术语及他将其三元化思考的理解。① 不论是米切尔对列斐伏尔《空间的生产》中所坚持的感知的、构想的和生活的空间这一三元概念结构，抑或是对法国哲学家拉康（Jacques Lacan）象征域、现实域和想象域这一三分法的援引，实际上都是在试图激活空间、地方、风景组成的辩证的三一体（triad）这个概念结构。② 本书关注城市发展、空间转型的同时注重艺术在其中的转变，当米切尔说道："相对于军队、政治力量、政府和企业的意义而言，风景的权力是相对较弱的一股力量。风景在人身上施加了一种微妙的力量，引发出广泛的、可能难以详述的情感和意义"时，触动了笔者对城市公共空间中这些艺术实践的联想。虽然笔者使用的词汇是中文的，并非要与米切尔的三个术语对应，但他对三者在概念和逻辑上的阐释以及对风

---

① ［美］W. J. T. 米切尔编：《风景与权力》，杨丽、万信琼译，译林出版社 2014 年版，第 4 页。

② ［美］W. J. T. 米切尔编：《风景与权力》，杨丽、万信琼译，译林出版社 2014 年版，第 4 页。

景中权力的表达的辩述，影响着本节对地缘性、地铁空间、地铁（和地面）风景以及它们与潜在观众间关系的理解。

地铁站点的选址有其深刻用意，站点使用率、与周边的功能衔接以及随城市发展越发重要的商业性和人文性等都是站点选址所要包含进去的。而地铁空间，这一被人为生产和实践的场所则承载了加之其上的意识形态、商业因素、人群日常使用等力量的博弈。艺术之于地铁空间有其特定寓意，从前文所述北京地铁公共壁画到全面地转向地铁公共艺术便说明了地铁空间与艺术的关系，乃是一种综合管控下的主动寻求。首先就本节所在的时间维度来看，北京地铁在 2005 年前后开通的 5 号线、10 号线、奥运支线（8 号线 1 期）加强了地面空间与地下空间、地下空间与艺术实践之间的关联度。这表现为浓缩了站点所处的自然、历史、商业、人文等特征的有机整体所形成的"地面风景"对"地铁风景"的干预，"地铁风景"成为加工和设计后前者的延伸，也成为与在地相关且富有想象力的展示对象。这种联系和干预在奥运支线所定位的"一站一景"中正式地被定义，而这种"一站一景"的艺术营造模式则一直被沿用到当下。①

---

① 武定宇、宿辰：《从艺术装点空间到艺术激活空间——北京地铁公共艺术三十年的发展与演变》，《城市轨道交通研究》2015 年第 4 期。文中根据每站在奥体中心区的定位分别进行拟定设计，如森林公园站的"森林与绿色"、奥林匹克公园站的"生命与运动"、北土城站的"传统与现代"等，综合运用大量的现代装修和照明设计等手段，将公共艺术的理念和站点的主题贯彻到站点公共空间设计的天花板、地面、柱体、墙面、屏蔽门等每一个细节，描述了这种"一站一景"的设计理念。

同时，也应从这种地铁艺术实践历程中看到艺术那"一股相对较弱的力量"，尤其是其中在宏大主题下通过专业审美和当代设计反射出的对乘客出行体验、视觉享受等做出的审美导引。对于地铁公共艺术，学界一直存在地铁客运量是否等同艺术受众的疑问，"地铁风景"的文化艺术内涵多大程度地能传达到受众身上，当然，前者无法等同，而后者的专业性发展前景和辐射社会的文化福利效用则值得被期待和认可。

图 4.2　北京地铁 8 号线（奥运支线）奥林匹克森林公园站内景观，笔者摄

图 4.3　左为北京地铁 8 号线（奥运支线）奥体中心站内柱饰，右上为奥林匹克公园站内玻璃墙上纹饰，右下为两站所经过的奥林匹克公园地面景观，笔者摄

（三）空间转型

如果仅是如数家珍一般罗列这些新奇、前卫、富有实验性质又观照到日常生活维度的艺术创作，那么只能慨叹于中国社会对艺术的现代性想象与接纳终于迈入一个世纪之前所畅想的阶段，但这仍是固守在艺术本体的角度看待艺术，而忽略了促成这些艺术实践的外部观念、政策、机制和其背后的资本与动力。

譬如安德鲁在设计国家大剧院时就空间概念而伸出的几个触角：以居民的日常生活空间为前提考量设计对象的物理边界；以对待一个街区的方式去营造对象的内部公共

空间与城市空间的维系关系，并避免在任何一处造成空间上的等级划分；注重对象内部的文化场所特质，尤其是对艺术仪式感、体验感的"光晕"的观照；处理现实空间与体验空间的层叠关系。这些触角因为与所在地的传统空间性质相悖而受到抵触，只是由于大剧院在外部设计的视觉冲击而变成了症结的表征。然而，大剧院的由"异"变"新"、由"贬"至"褒"也不仅在于它的技术问题得到了解决，而是一种制度的内部更替，这种更替如同阿伦特所说的现代社会秩序对传统城市结构的改变，新的社会规划对古老公共空间的取代，以及世纪之交的中国需要在国际社会中展示的都会风貌。当然，国家大剧院无法完全脱离天安门广场这一政治空间独立存在，但是它保有在主流的国家政治讨论范畴之外的日常生活空间中寻找一种可能性的权力——以外籍建筑师的角度、城市居民的角度以及理论家们的角度，去寻求能与他们的身份所对应的城市空间，并赋予这类空间（不与政治空间相对立的）合理性。

长城脚下的公社同样在找寻这种可能性，但是与现代人形成交往的城市空间不同，它代表的是艺术向商业资本靠拢后试图打造的异质文化景观，这有些类似列斐伏尔所说的空间差异性，它的存在反映出了社会中的等级和贫富差异。相反，地铁空间中的艺术与前者形成互文与互补，拥有最大观众基数和最易准入度的地铁公共艺术是城市空间中"艺术去等级化"的有力实践。公共艺术在一定程度上是在生活空间中转译人们很久以来面对艺术品时的抽

象和幻想，直接提供三维空间中的体验感，并让日常生活
与精神生活尽可能重叠（在物理空间中）。为普通民众提
供的公共空间也好，或者需要通过权力、资本去交换的特
权空间也好，都在做同一种事情，只不过前后二者人均份
额不同。也因此，社会需要公共艺术来抵抗阶级固化过程
中带来的资源分配不均。

　　因此，联系艺术实践与其外部观念、政策、机制与其
背后的资本、动力等因素来看，可以从空间生产的维度窥
探城市发展的更迭。北京作为首都，城市发展包括艺术创
作均受到政治权力的调配，而随着经济转型的加速，资本
的竞争力、创新力与掌握了专业话语权的知识精英加入与
政治权力的联动介入中，改变了政治空间的单一表征，国
家大剧院、长城脚下的公社都是这种空间转型下的产物。
区域发展与社区重建一方面促使艺术融入社区日常生活并
与公众发生关系，进而使公众主动参与或创造其中，甚至
通过主动"造血"达到地域创生。但这种实践的另一个
反面是落入士绅化（Gentrification）的诟病，成为居伊·
德波所批判的商品拜物和社会景观，这些问题是后文进入
艺术日常生活化后要重点谈到的。

四　艺术过渡到日常生活

（一）作品中反映出的艺术日常生活化前奏

2005 年 9 月 20 日，《物尽其用》展览在北京 798 艺

术区东京画廊开幕。《物尽其用》作为一件当代艺术装置作品，作者是艺术家宋冬和他的母亲赵湘源，其作品观念可以追溯到杜尚——对艺术概论的质疑和破坏，对艺术边界的试探和逾越。

本书选取《物尽其用》为例是基于作品所引发的公共话语①：①主要创作者在这件作品之前不是艺术家身份；②现成品的数量十分庞大（1万余件）；③现成品本身所跨越的时代（1995年至2005年的北京）；④以上3点围合下映射出一个"家庭生活"形象，以及它背后存在着一段仅通过阅读成书就能让读者动容甚至落泪的故事，读者为之动容的最主要原因是引起了其内心情感的共鸣。

在2005年这个展览首次呈现于北京798艺术区东京画廊时，它作为一个成功的实验性展览吸引着艺术批评家就其展开"空间""身份"等相关讨论。十年后，当大栅栏地区一边翻建商业街并计划招商国际大牌商户，一边在居民区完成了新建筑理念的试点并拿到国际上获奖时，"路上观察学"②西渡到中国大陆并开始吸引人们的注意。这时，不论是已经正式进入国家政策文件的"公共艺术"还是日渐被大众媒体普及的"当代艺术"，都极力用其初

---

① 顾丞峰：《艺术公共性与公共性的误区》，《文艺研究》2005年第5期。

② ［美］乔丹·桑德：《本土东京——公共空间 在地历史 拾得艺术》，黄秋源译，清华大学出版社2019年版，第126页。"路上观察学"（路上観察学）概念来自日本，这一运动对象包括暗井盖、消防栓、建筑装饰里的动物元素、没用的阶梯、斑嘴鸭、路边的植物园（盆栽）、纸质标记和所有对于城市的无意识表达。

步建构出的理论框架去解读和包容这件作品。《物尽其用》以其时代记忆、家庭记忆的双重内核而脱离风格上不论是线形还是回环的定义樊篱。以及，经历的人会去缅怀它，子女们会去试图感受它，而后人会去想象它，时间、生活融合而出的永恒性想象让作品仿佛也获得这种特质，它作为一件能比获得成功更重要的作品而存在于这段艺术历史中。

在围绕城市的问题和反思开始从建设和纪念转向城市中日常生活和再发现时，《物尽其用》所搭建的"解构的房子"在美术馆中的使命已经完成，此后的"路上观察学"参与者会更乐于在城市中去寻找它们。

图 4.4　宋冬《物尽其用》展览

资料来源：ART. ZIP。

艺术作品在美术馆空间和居民社区中受到的对待可能差异极大。其中问题出自不同人群对艺术的审美差异，还是人们普遍地在生活空间中对"不美观"和"不协调"之物的本能排斥？《物尽其用》在美术馆空间展示走向陈旧和衰败的日常物品而形成观念上的碰撞，也同时收获了观众由怀旧而激起的情感共鸣。2003 年 8 月，张建华的写实主义组雕《庄塘村冬日村民》于今日美术馆展期结束后通过"移动美术馆"计划被安置到北京一个社区。这组主题为农村村民写实题材的玻璃钢着色雕塑包括进城的农民工、乡村教师、晒太阳的老太太等 12 个人物，在进入社区后很快遭到社区居民的集体反对，并被移出社区。①

艺术作品这种际遇的反差显然值得思考。为何同为用客观的方式抛弃概念化、模式化的形象去呈现生活的真实，在美术馆中能赢得赞许却在居民社区中被争议甚至唾弃？如果说农民工雕塑因人物形象的逼真性而唤起了居民对"丑陋""拖沓""落后"群体的主观厌恶，那么为何同样的作品形象在美术馆中却能被接纳？农民雕塑并不是第一件进入社区空间的艺术作品，但比起其他平庸或是劣质的社区艺术物，农民雕塑更加放大地暴露了作品本身和场域之间的关联问题。策展人让作品强行进入一个陌生场域，本身是一种策划上的失败，或者是一种不加策划而行

---

① 《进小区半小时被请出门 农民雕像不能进小区？》，2003 年 8 月 29 日，新浪网，http：//news. sina. com. cn/s/2003 - 08 - 29/0555653864s. shtml？from = wap。

动的后果。每一次进入公共空间的艺术活动都应考虑到与公众的互动，这层意味在之后艺术与城市空间的关系中将备受关注。

图 4.5 张建华"农民雕塑"

资料来源：新浪网，http://news. sina. com. cn/s/2003－08－29/02231637 185. shtml。

（二）城市色彩与城市雕塑

1. 城市色彩

2000 年 10 月，北京出台了对建筑物外表色彩规划的管理条例，将"以灰色调为主的复合色"确定为北京城市建筑的外立面色彩。这项条例的出台缘起于 21 世纪的城市建设热潮，单体建筑的体量和建筑群的密度大幅增长，其中不乏建筑物用夸张的色彩装点外表和吸引眼球的做法，造成了城市色彩在整体上的杂乱。

北京的城市色彩确立直接影响到国内如上海、重庆、杭州、哈尔滨等城市。而就北京自身而言，围绕如何遴选城市标志色、色彩如何兼顾传统的历史文脉和都市现代感，成为不断商议的命题，这种讨论在北京奥运前达到了一个高潮。

"以灰色调为主的复合色"确定出台后，新浪网发布了一则调查内容："请问您能否接受'灰色的北京'？"然而，"以灰色调为主的复合色"一词却在普通公众之间形成误读，很多人将其理解为"灰色"的大范围使用。对此，业内专家们进行了解读，清华大学美术学院教授袁运甫回应："自然界的很多东西都含有一定的灰度，用含灰度的复合色来做北京的主色调，目的是使城市显得更有文化，更有品位"，这其中反映出了专业领域通识与群众审美基础间的不对等问题。

据新浪网调查的投票结果：共计 52060 人参加本次调查，结果为"能接受"的人数是 11165 人，占比 21.45%；"不能接受"的人数是 38245 人，占比 73.46%；"不好说"的人数则是 2650 人，占比 5.09%，接近 3/4 的网友不能接受"灰色的北京"。城市色彩的选择问题暴露了公众参与在政府条例形成过程和结果中的缺失，2000—2001 年展开的首都建筑物外立面清洗粉饰一期、二期工程实践了内环至城乡接合部街道、临街楼房、平房、围墙、立交桥、过街天桥等地区建筑物的清洗粉饰，也呈现出了普通公众对城市面貌（尤其是涉及居住建筑及环境）的被动接受。调查内容最后形成了争论的局面，"这是城市的自然选择还是长官意志？"①

玛格丽特·简·维索米尔斯基（Margaret Jane Wyszomir-ski）和朱迪斯·巴尔夫（Judith Balfe）在论文《公共艺术与公共政策》（"Public Art and Public Policy"）中曾以美国的两个机构——国家艺术基金会（NEA）和总务管理局（GSA）在处理公共场所的艺术项目时采用的不同项目程序做以比较。② 导出的结论是，一个与公众形成接触和沟通的第三方机构（文中称为"缓冲带"）及一套公共艺术方案充当了整个项目间的关键角色。它应该用"一种合法的方式导引和回应当地社区的艺术趣味，并有助于艺术概念与社区风气保持同步，并告知和教育公众加强其对新思想和新事物的理解与欣赏"。相较于政府条例和专家解读的条理性而言，公众的利益和诉求往往呈多样、缺乏条理和不明晰的状态，这对于在城市公共空间中良好地推行艺术增加了一定难度，但作为当代城市（尤其是城市景观和城市艺术）而言，基础美育、公众导引与色彩美学的重要性是相等的。

2. 城市雕塑

雕塑进入城市空间的一个利好标志往往是它们被囊括进一些项目而被买单。其中，并不必须像政府在公共场所

---

① 参见 2003 年 1 月 15 日，新华网，http：//www.sina.com.cn。

② J. H. Balfe，M. Wyszomirski，"Public Art and Public Policy"，*Journal of Arts Management and Law*，Vol. 15，No. 4（Winter 1986），p. 27。

委托艺术订件那样需要设置一个民意调查环节，而是需要向投资方负责，需要作品能达到符合价值的视觉呈现，或者说是一个优质的"门面工程"。很多艺术作品正是通过这种方式进入大众视野——集中在一些商业区域中，作品的资金来源和审美趣味仿佛与行人毫不相干——虽然这背离了公共艺术所宣扬的为人性化设计、为公众服务的理念初衷。

如北京的功能区——朝阳CBD，它在20世纪90年代初正式启动开发，经过十余年的建设基本建成。这类以商业发展为主的地区，拥有优质的地段、高楼林立的景观和国际化象征，极为注重其与传统的产业结构所不同的现代服务业的区域定位，因此对艺术作品能为其引入的人文气息和审美情趣，持有比较开放的态度。

中国雕塑研究中心北京CBD雕塑调查小组在2008年的调查报告显示：其对位于北京CBD公共环境中的56件作品进行了实地走访，其中49件作品的设立时间为2001年之后（包括2001年），作品材质以彩钢、石材、玻璃、铸铜、金属板材为主，形制采用三维单体建构物、景观装置、建筑装置以及公共空间中的景观艺术构件，抽象形式占极大比重。根据报告中对于这些作品的状态和品质评估反映，截至走访日有约2/3的作品被认定为视觉效果和管理状况良好，其余则或是艺术效果不佳，或是维护状态一般。

图 4.6　《抽象景观雕塑》，建国路万达广场西段，2006 年

资料来源：《北京市 CBD 雕塑调查报告》。

　　从这时期 CBD 艺术的总体风貌来看，抽象形态的作品成为这一区域的代表样式，其中既有在 80 年代就被批量生产（也被批量批评）的大型球体雕塑，它们一般被安置在草坪区域；水幕、水体类建构物亦是区域广场中必不可少的景观，但在这一时期极简的性质和纹理装饰代替了传统的汉白玉喷水池；位于建筑入口处或与建筑呈呼应关系的部分彩色雕塑仿佛是对 20 世纪 60 年代所兴起的克莱斯·奥登伯格、亚历山大·考尔德、亚历山大·利伯曼、乔纳森·博罗夫斯基等的室外建筑雕塑的集体致意，这些被涂以鲜艳色彩的作品在环境中更易聚焦视线；另有

图 4.7　《金台夕照景观之一》，东三环中路 7 号院
财富中心，2006 年

资料来源：《北京市 CBD 雕塑调查报告》。

采用传统形式对北京故景名胜做以追忆的纪念性石碑、地景作品，在充斥着现代设计的环境内显示出了较为和谐的美感。

　　回到最初的语境中去，公众开始注意到观看艺术成为日常生活中的寻常事件往往始于对凋敝或劣质作品的觉察，然而其实在距此很长一段时间前，艺术作品已经通过既不告知也不调研的方式慢慢进入他们的生活。虽然从表象上看到人们在日常生活中能接触到更多的艺术作品，实际上这些作品对于其绝大多数接受者来说只是一种视觉景观，是一种私人趣味的公共介入，一种商业化的视觉宣传。这种进入方式为其背后的商业运营模式所决定，就像我们生活中的很多事物一样。

对于一个区域范围内艺术水准的总体把控是一道复杂的难题，这不是一件能落到艺术家头上的工作，恐怕艺术策展人也不可以，因为这件事情的决定权不是在政府官员手中，就是在政府权力和商业权力的角逐之间。也正是由于觉察到这种情况，公共艺术进入国内后才在创作活动之外不断试图去搭建一个包括政府官员、在地机构管理人员和相关领域专业人士的平台，去试图构建一个能为政治权力、商业决策所鼎力的专业性话语。

千禧年后，尤其是迎接北京奥运的前夕，北京对艺术和文化福利事业的注目大幅度地提升，从大范围的市政工程和艺术项目配套中不难看到这种努力。就本节所探讨的城市色彩、城市雕塑方面来说，公众层面的失语开始浮出水面，人们大多数时间是被动地在日常生活中接触到艺术（尤其是较为抽象的），并且缺乏认识和甄别优质作品所需的艺术修养，更鲜有渠道和机会去进行发声。所幸，这种当代城市形态和城市文化中存在的不足正在为人所思考。

五　本时期理论映照下的影响与变化

（一）理论的译介与影响

西方发达工业社会中产生和不断深化的"公共领域"

"空间生产"等概念及其批判思想被引入对艺术的理解当中。这些理论产生的有益启示引发了艺术对其所依凭的地理空间、社会空间展开审视，将视角投射到其本身产生、发展、运作、呈现所离不开的社会关系中，从而既开始了从总体意义上的宏观的理论思索，以及考察艺术与社会、艺术与城市（及乡村）空间、艺术与生态空间等的关系，也从个体创作的角度出发探讨人与他人、人与作品发生关系进而产生的公共意义。这些国外理论中的启示激发并拓展了国内理论家对城市艺术、空间艺术、公共艺术的理解深度。

德国哲学家和社会学家尤尔根·哈贝马斯在当今的西方以及当下中国知识界都是极具影响力的一位思想家，其《公共领域的结构转型》（1961 年出版，1999 年中文版正式翻译出版）的研究对象是"资产阶级公共领域"，从起源、社会结构、政治功能、观念与意识形态上讨论公共领域在社会和政治功能上的转型。① 哈贝马斯的公共领域理论是 20 世纪 80 年代后"市民理论"复兴和探讨市民社会问题的核心理论之一。

法国社会学家亨利·列斐伏尔继承马克思关于社会生产和空间相关方面的思想，开启了"空间生产"思想。②

---

① ［德］尤尔根·哈贝马斯：《公共领域的结构转型》，曹卫东等译，学林出版社 1999 年版，第 1—33 页。

② 法国的亨利·列斐伏尔《空间的生产》面世于 1974 年，1991 年出版英译版，2000 年后陆续被译介于国内。

相较于"在空间中进行物质生产"这一活动，列斐伏尔的空间生产侧重于"空间本身的生产"，这一理论上可涵盖到对资本主义生产力与生产关系、全球化、世界历史的论述层面，下可延伸至社会中单一个体生存与生活层面，因此后续引发了如大卫·哈维、爱德华·苏贾、米歇尔·福柯等人在不同维度上的继承与展开。列斐伏尔的空间生产为城市发展研究补充了空间维度。① 因此，空间生产进入从文化的视角去探究城市问题、城乡对立问题、城市化问题中去，这种转向首先影响到社会学、地理学、政治学等，但也很快引发了艺术领域的投入。也正是本领域中所开启的"空间"话题，使得 21 世纪开始，艺术其观念的拓展、其生产与营造、其在城市中的定位与呈现，以及这一链条上的每一环节之间的关系，都得到了向内的关注与凝视。

美籍政治学家（原德籍）汉娜·阿伦特在其《人的境况》（1958 年出版，2000 年前后逐渐进入国内视野）中对公共和私人领域进行追溯和划分（在研究方法上同时涉及社会学、政治学、历史学、人类学等诸多领域的视野和知识），这类理论引发国内学者从"艺术家个体自觉走向社会公共领域的历程"为思考线索展开公共艺术研究。

---

① 孙全胜：《城市空间生产：性质、逻辑和意义》，《城市发展研究》2014 年第 5 期。

　　法国艺术理论与批评家卡特琳·格鲁的《艺术介入空间：都会里的艺术创作》（2002 年由远流出版社出版中译本，发行地为中国台湾，2005 年由广西师范大学出版社在中国大陆发行）作为直接将艺术与城市作为对象的著作，其主旨为论述"人与在城市空间中的艺术作品相遇，即是借此与他人相遇、交流"，这种不仅仅将艺术视为城市规划中某一个点位上所需的雕塑或壁画，而是由艺术家以自己的创作主张为出发点构思在城市公共空间中的作品的视角，引发了艺术试图直接面对社会问题并寻求公众注意与参与的走向。20 世纪 90 年代成书并出版台湾译本的美国艺术家苏珊·蕾西著作《量绘形貌：新类型公共艺术》更侧重公共艺术与公众互动后所塑造出的"公共论述"，并且迫切希望建立起系统的美学论述以便让公共艺术在前卫艺术的历史中找到一定的位置，由于国内在 2000 年后的城市开发进程中越发重视社区问题，蕾西对社区公共艺术问题的解读更在近年引发关注。①

（二）国内的反应与对话

　　国内在 2000 年后也形成了此领域的理论性输出。主要围绕"公共艺术"这个既新且大的概念展开，这时已经不仅停留在对国外理论的编译与注解上，不乏学者立足

---

① ［美］苏珊·蕾西：《量绘形貌：新类型公共艺术》，吴玛俐等译，台北：远流出版事业股份有限公司 1995 年版，第 11—14 页。

我国文化传统与传承，从其所处的社会现实来表达自己的理论观点。

袁运甫先生于 2001 年出版了著作汇编《有容乃大——论公共艺术 装饰艺术 美术与美术教育》，将公共艺术、装饰艺术、美术与美术教育三部分联系来谈，这反映在作者所继承和发展的"大美术"观念上。"大美术"观念，即"不喜欢把自己封以专一性或职业化的头衔，而此亦最大限度地展现了自身的社会潜能和价值"，来自袁运甫先生对张光宇先生艺术观的概括。作者认为中国古代的石窟、雕刻等具有纪念性、主题性的大型作品属于中国古代的公共艺术遗产（这点暂且不论），而 20 世纪以来在时代和社会发展下，艺术发展与现代国家、科学技术、城市建设、环境民生之间的关系上升到了新的高度而属于当代公共艺术。这种当代公共艺术与科学、技术、工程等关系需要前所未有的紧密结合，所以需要一个长远的艺术观念，也即打破单一学科、单一系统的"大美术"观念。

翁剑青于 2002 年、2004 年先后出版《公共艺术的观念与取向：当代公共艺术文化及价值研究》和《城市公共艺术：一种与公众社会互动的艺术及其文化的阐释》，在前书中定义"当代公共艺术"的概念来自其背后更广大的社会政治（"民主化的趋向"）和经济背景（"繁荣的趋势"），由于社会处于一种动态的、持续发展变化的状态之中，故而公共艺术的概念亦相应是随之而变化的。前者在对公共艺术之"公共"的理论溯源中指向欧洲 18

世纪中叶随国家政治体制变革而形成的"公共领域"概念，直接受到哈贝马斯的理论影响。① 后书认为"城市是当代集中了知识、理想、才智和人性情感的市民大众的生息、娱乐和修养之地"，因此，公共艺术这个"从属于全体社会文化的艺术活动"就应当被纳入对城市的讨论，也即城市公共艺术研究。公共艺术在艺术史范围内应归属当代艺术范畴，书中认为，"当代艺术的产生、发展与传播所依托的社会空间依然是城市，因为它在迅速的经济发展和经受现代文化的历练中，最为敏感，也最具有内在的精神需求"。

孙振华于 2003 年出版《公共艺术时代》，是国内较早一批对西方公共艺术概念来源及其理论的发展，以及对经典、多元的艺术案例有比较深刻的理解和自我观点的著作。《公共艺术时代》开篇以中国的茶馆和英国的咖啡厅这两个现代被视为典型"公共场所"的空间为话题展开，然而在这两个空间中，如果公众无法做到言论自由和交往自由，那么类似这二者的场所从社会学意义上则为"没有公共性的场所"。孙振华认为公共艺术的基本前提是公共性，他对公共性的概念及解读，同样源自哈贝马斯对公共领域和公共性的研究成果。孙振华将西方社会学概念中

---

① 《公共艺术的观念与取向：当代公共艺术文化及价值研究》在阐述"公共"和"公共领域"时的文献参照来源是《文化与公共性》（1998），此书收集译介了活跃于 20 世纪下半叶西方学术界的重要思想家和理论家的文章，15 篇文章中包含哈贝马斯的 3 篇——《公共领域》《公共领域的社会结构》《民主法治国家的承认斗争》。

的公共性和公共领域归纳为三点——市民社会的产物、民主与开放的、舆论与参与的，这也成为他对公共艺术概念进行解读的理路来源。① 《公共艺术时代》中所定义的"公共艺术代表了艺术与社会关系中的一种新取向"，是同时代受西方社会学、人类学理论影响下产生的观念，对中国公共艺术理论继续发展颇有影响。

公共艺术与当代社会直接发生关系，但自公共艺术进入国内以来所遭遇的"热情"及其负面效应使学者深受触动。冯原《空间政治与公共艺术的生产》（2003）、刘文杰《法兰克福学派意识形态批判语境中的公共艺术考察》（2003）、皮道坚《公共艺术：概念转换、功能开发与资源利用》（2005）、周成璐《社会学视角下的公共艺术》（2005）等论文不乏从社会学视角出发，在列斐伏尔、阿尔都塞、布尔迪厄等人的实践理论中对中国社会与艺术的关系做批判性的解读。据此，也拓宽了国内对公共艺术的理解范畴（批判性在之前的公共艺术、环境艺术、城市雕塑等概念范畴内一度是缺失的），就如皮道坚在分述奥登伯格（以创造性的生活元素娱乐大众）与汉斯·哈克（揭示与批评社会政治系统和艺术系统之间的隐蔽

---

① 孙振华：《公共艺术时代》，江苏美术出版社 2003 年版，第 10—27 页。第一章《从茶馆和咖啡馆谈起——什么是公共艺术》，文中将西方社会学概念的公共性和公共领域概况为以下三种特征：1. 它是市民社会的产物，在封建的、专制的社会制度中，不存在公共性和公共领域；2. 它是民主的、开放的、进入了公共领域的，它与私密性、封闭性是相对立的；3. 它是舆论的、参与的，是可以自由交流和相互讨论的。

关系）实践方式及艺术立场时提出的："公共艺术可以承担包括创造优质的公共生存空间与环境、实现文化承传和自由交流，乃至实施社会与文化批判在内的诸多功能。"

2004 年出版的《公共艺术在中国》是孙振华与鲁虹主编的同名会议文集，在"理论研究"类中，多名学者（王林、易英、殷双喜、顾丞峰）对公共艺术和公共性问题，2 名学者（孙振华、鲁虹）对公共艺术与权力的问题，2 名学者（马钦忠、皮道坚）对公共艺术概念、形态、功能等基本问题以及公共艺术的面向群体（翁剑青）和本体性（陈云岗）问题展开讨论。其中，基于西方社会学概念的公共领域和后现代政治理念中的公民文化、公民权利等思潮在此形成了聚合，拓宽了中国公共艺术研究的基本视角。在"案例研究"类中，对国外案例的引介和反思、城市建设（包括奥运建设）、环境雕塑等各门类实际经验的介绍是这类中主要的呈现。这些议题的选择反映了公共艺术概念刚刚进入中国的十余年间，学者对其基本问题进行探索和争论的状况，也是 21 世纪初中国公共艺术研究视野和方法的缩影。

此外，2007 年出版的《"2006 年广州城市公共艺术——城市雕塑论坛"设计作品及论文集》中收录了 18 篇论文。其中，除围绕上述基本概念问题、艺术公共性等讨论之外，另有就公共艺术在西方发展背后所代表与传达出的文化价值观念的审美取向问题展开阐释（徐诚一），西方公共艺术的进入只是"西化"思潮下的一个侧面，其他在如技术革命推动、图像时代到来这类大规模的物质与文化冲击下，公共艺术如何形成中国自身的审美取向，成为学者思考的对象；以及，艺术最终实现所必需的流程细化与工种合作进入了国内学者的视野，看到公共关系学与公共艺术的内在同向性，运用前者发展相对成熟的方法与技巧为后者的创作进行服务（马云、汪凯），公共艺术与其他学科的外延交流与交叉发展也已着手进行。

公共艺术国际论坛暨教育研讨会于 2008 年 1 月在汕头大学举行，并在会后形成了学术论文集出版。这次论坛会集了来自中国、美国、德国以及中国港澳台地区的理论家与艺术家出席演讲，形式较直接地完成了一次国内与西方公共艺术界的"直面"对话。刘茵茵（Martha Liew）延续了西方公共艺术话语中对新类型公共艺术的讨论和对公众参与问题的释义，她所举的西方艺术案例背后反映的"深植在公共艺术中的西方民主概念"与关注到的中国式的公共艺术模式呈现出了"有待观察"和"挑战"的差异局面；此时在国内，不仅对公共艺术的观念、审美取向、地域问题、时代诉求、人文精神等问题上持续发生思考，尤其高校专业建设（靳埭强、翁剑青、景育民）亦在进行改革，如汕头大学长江艺术与设计学院对于公共艺术的课程就采取学科横向共生、学生专业多向面培养的策略，应该说，高等院校艺术专业体系的改革将成为引导中国艺术未来发展走向的基石。

城市公共空间中艺术的呈现形状是复合与复杂的因素

角力后的生成物，正因为此时艺术方在直接参与其中时切实面对过其中的繁复，于是深知"公共艺术"中"艺术"的不可缺失。一方面，对于有限却呈增长趋势的国外理论译介进行吸纳，打开国内以往对城市公共空间中艺术的僵化思路；另一方面，对中西差异对比下的实际问题进行研讨，试图在观念、策略、教育诸层面寻找出路，这是本时期国内理论学者和艺术家们所共同进行的事业。

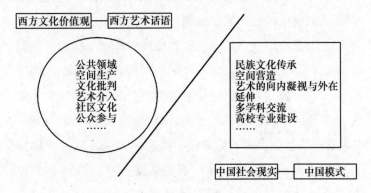

图 4.8　本时期西方与国内理论影响关系，笔者绘

 小结

高效率的城市化进程促使了城市空间的生产与再造，人口激增与住宅需求促使了传统地缘性居住环境的打散与重组，外籍、外省人口流动促使了北京进行大规模的人口吞吐，消费主义大行其道促使了文化艺术的物质化与商品

化。为了适应城市的转型之路，城市管理体制下移触发了以社区为单位的居住环境与在地文化建设，产业规划调整与官方助力打造了与国际艺术形成对话的窗口，房地产商业运作为沉寂的建筑界提供了跨界与革新的机遇，处于这场社会发展潮流中的来自不同地域与阶层的社会群体均涉入对当代城市艺术的体验与幻想中去，体味到试图与自身所在社会层次、圈子发生内在联系的艺术趣味，也遥望到与自身消费能力存在巨大鸿沟的艺术景观。

利用传统文化中的人物形象和历史故事引发在地民众的精神认同和地域共识，是继新中国成立以来艺术"民族化"向"民俗化"转向的体现，与对"文化遗产"的重视与联动，这类作品进入地铁、社区、商业街这类百姓日常生活空间中，再佐以现代、美化、便利的城市设施，是对民众的审美普及和便民服务的一种时代性改善。同时，北京同样出现了一批非本土再现的艺术景观，它们的进驻仿佛代表国际上递来的一张大都会入场券，使艺术与城市、艺术与历史、艺术与商业、艺术与公众的关系摆脱了本土语境，而被纳入后现代之后的烦杂关系中去，城市区域中单一的空间属性被不断打破，艺术在城市中的延展性得到大幅提升，公众审美经验与城市文化景观不再是一一对称的关系，城市中出现了一批极为先锋、时尚但又无意义和无利害的艺术作品。这使公众对此感到迷惑，也使一度只求为人民服务的艺术界迂回转向其专业、精英、先验的形态中去。

艺术与空间二者联系的理论启示极大拓展了艺术的向内凝视与外部延伸，一方面使 21 世纪初艺术研究的思维模式开始进入对整个生产和生活领域的观察，这无疑是一个学科内的开创性动作；另一方面，对二者的解读和实践在后一个 10 年中得到了社会大范围的认知，并在继续持续而火热地发展下去。

难道艺术已经脱离政治体制的指导了吗？并不然，只是换了一种更宜展示大国形象与风貌的形式，以更符合国际化趋势的形态去遴选城市中艺术的存在方式，以及以更适应资本运作的模式去定制、购买或创作。

第五章　艺术在城市中的演化

2008 年的北京奥运会拓展了北京的各项产业，体育和金融业直接得到了提升，轨道交通和房地产共同唱响了北京的"五环之歌"，更多人不可避免地成为"互联网居民"，北京在国际上所引发的想象终于从"来自东方的神秘力量"走向"中国的现代大都市"。

三十余年的市场经济造就了城市中多元化艺术的生存，北京发展的脚步逐步从大刀阔斧的大拆大建向有机更新转型。城市更新背景下艺术以"小尺度"和"微改造"的方式介入，其内涵也从公共空间中的委托对象向与公众产生交流的艺术实践转变。暂时性艺术以活动与节日的形式再次出现在城市中，而繁华却拥挤的城市却开始重新向往自然。在理论层面，最初对公共艺术概念的引入抱有热情与积极推动的业界学者开始反思公共艺术在学理建构上以及进入国内后的实践与发展前景问题，并开始警惕及注意避免一味地陷入"公共艺术"这个标题本身。在所谓后奥运时代的北京，公众开始或多或少地既了解了些古董拍卖，又耳闻过些"当代艺术"；既不陌生于走进博物馆和美术馆，又开始珍视起了自家有些岁月的老旧物件。

　　本章将考察先前城市寻求艺术介入的成果、本阶段中公众对艺术的理解与接受、曾经隐去的艺术形式再出于何种原因及以何种形式呈现，以及笔者对此做出理解与阐释。

艺术浸入日常生活与日常物象的再发现

（一）作为"旧社区"被重新发现和开发的大栅栏

　　就如同现代汉语中大量的词汇来自日本以及我们在使用时并无意识也并无阻碍一样，"活化"这个词正在进入汉语使用（特别是文书）中，相信它会随时间推移而变得彻底融入。日本政府和学者在面对地域（或地区）问题时采取的"活化"策略，其新颖性在于最初就强调这和"怀古主义"趣味不相关也不等同，是使地域的前景朝着富有活力的目标而进行的，以此使这成为一个积极的政策。也因此，"艺术活化地域"概念在近年能广泛地被引入国内，并且立刻就被"量产"投入城市、乡村、社区、街道这些对象中。

　　大栅栏地区同样经历着这样一个"活化"的过程。作为一个从明代永乐年间就成形的地区，大栅栏在晚清时已经是京师的经济活动中心。虽然商铺和民宅的高度集中让这里存在着安全隐患，并且遭遇险情时百余家、千余家都会被一同牵连①，但是大栅栏同样有着惊人的恢复能力，商铺和居民仍然在这里继续生存了下去。晚清民国时期，大栅栏聚集了大商号、戏园、会馆，每逢节日仍能吸引到游客云集。②

因此，不论是大栅栏地区过往的平民生存与生活史还是传承至今的老字号商铺经济贸易史，或是这里尚存的明、清、民国以来的建筑遗迹以及居民曾在其中进行的不断搭建、加盖活动而混杂的建筑样貌，吸引着人们以各种视角出发去考据、分析、怀念或者重现这里。

在这里，关注点也在发生变化，即从对历史和遗迹的关注到对正在这里生活的人和发生的事的关注。这些是以往所被遗忘的——平民百姓和他们的日常生活，尽管他们中一些人是最后在此为了寻求更多可用的私人空间而改建出"杂院"的人（他们是关注此地建筑遗迹的人眼中的

---

① 王彦威纂，王亮编：《清代外交档案文献汇编初编 外交档案文献/清季外交史料之西巡大事记/卷首》，民国二十年刊本第3页，总页号：35784。大栅栏地区在1900年曾遭遇火灾，应与当时义和团放火烧教堂有关。参加"二十日，烧东月城根马思远茶食铺子，以马为教民也，店主人跳而免。民信其前说，全未搬移。忽大风起，火势趋西南，于是西河沿廊房头条、二条胡同、大栅栏观音寺等，处凡都门菁华所聚，铺户民居千余家，悉付灰烬。复返风而北，烧正阳门城楼，楼占地百十寻，都门之望也。火光烛天，烟焰侵三殿，朝廷不敢问"。

② 《上元节锁话》，《北洋画报》1937年第31卷第1521期第2版。上元节观灯，地安门大街一家干果铺、后门外西皇城根之城隍庙行宫、西便门外白云观清虚殿及前门外大栅栏大商号这些地方，各有特色，是北京城里观灯的好去处。

"反面教材"和破坏者）。其中，政府层面针对这个进入
"历史文化保护街区"名单中的旧社区出台了更具体的发
展计划，而"路上观察学"观念同好者们也在用他们的
方式来对这里进行自己的活动。

笔者于 2017 年 11 月受邀参与"国际公共艺术研究工
作营"活动，与国内外高校学者、策展人、艺术家共同
对北京大栅栏地区进行在地性考察。其间，就 2011 年开
始由北京西城区政府支持所展开的"大栅栏更新计划"，
听取了来自计划执行策划人、设计师与居民代表的介绍与
讲解，并对大栅栏地区进行了较全面的在地走访。

大栅栏变成了一个综合的和动态延展的观念。其中包
括：大栅栏当下的物理结构现状，社区居民的生存现状，
政府政策指导下的企业联合各方专业机构的介入和改造，
还有互联网中不断生产出的大栅栏的各种文本和符号，等
等，这些形成了大栅栏印象上、观念上的远景结构。毫无
疑问，它是一群人所构想出的文化复兴梦想下的街区商业
改造，是居民在适应政府调配下的生活变迁，是艺术家的
试验场，是网络世界里个体自由生产的平台。[1]

1. 大栅栏的保护、更新、延续史

北京市确立第一批历史文化保护区的时间是 1990 年，

---

[1]　[德] 鲍里斯·格洛伊斯：《走向公众》，苏伟、李同良等译，金城出
版社 2012 年版，第 1—14 页。书中格洛伊斯认为至少从 20 世纪之初开始艺术
家和观者之间审美主客体的二元对立关系开始崩溃，其中，视觉媒介的出现
和急速发展、数码照相和互联网这一传播平台更使得图像生产者和图像消费
者之间原有的传统被改变，如今人们对图像生产的兴趣大于对图像的欣赏。

这批街区作为历史文化名城的组成部分开始被珍视，大栅栏地区成为这20余个具有"历史文化价值和古都风貌特色"的街区之一。① 这个时期，政府的工作重心是对"古都风貌"的部分分类并加以保护，而对其中长期受城市基础设施和生活服务设施的不完善的困扰所衍生出的私搭乱建部分要加以整治。在这之后，北京市历史文化保护区的规划工作在不断细化，《北京旧城历史文化保护区保护和控制范围规划》（1999）、《北京市历史文化保护区管理规定》、《北京历史文化保护区保护准则》、《北京历史文化名城保护规划》文件也先后颁布。其中，2002年出台的《北京历史文化名城保护规划》又提出从整体上保护北京旧城，因此加大了保护的力度，在之前确定的25片历史文化保护区基础上增加了15片区域。这样40片区域中便有30片位于旧城，总体保护范围及建设控制地带总和约占旧城总面积的42%。②

大栅栏地区位于外城，与它相邻的保护区为东琉璃厂街、西琉璃厂街和鲜鱼口地区，这四个地区呈东西向走势，位于前门大街以南约0.5千米处。1976年北京市城市规划管理局革命领导小组《关于前三门大街建设规划的报告》着手开始解决新中国成立以来城市中逐步沉积

① 颜世贵：《北京确定一批历史文化保护街区》，《人民日报》1990年11月24日第4版。

② 阎晓明：《〈北京历史文化名城保护规划〉出台旧城总面积的百分之四十二纳入保护范围》，《人民日报》2002年9月19日第4版。

的城"骨"与"肉"不相适应的问题。规划中的前三门大街与鲜鱼口、大栅栏、琉璃厂地区北端毗邻，这个时期的规划是为了解决人口（职工）的住宅问题，并且相应地因地安排了商业、服务业等设施。在逐步改善"骨"与"肉"的不平衡后，外城的这部分区域增加了职工楼房与相应的配套项目，形成了具备公交枢纽、商业街、国家金融机关以及旧有遗址、平房等共存的地区。

2003 年，《大栅栏地区保护、整治与发展规划》（以下简称《规划》）将大栅栏地区的总体功能定位为文化旅游商业区，其中规划理念的 3 个目标即围绕传统民俗文化、旅游资源和繁荣商业展开，这成为之后"文商旅"模式的铺垫。[①] 为了实施地区的有机更新，大栅栏先后开始了对古建筑的修缮、装饰和部分非历史遗存的拆除工作：对胡同的宽度、胡同内建筑的占地面积进行控制；对1949 年之前的历史建筑进行修复；对建筑高度进行控制；按功能划分出传统居住区、商业区、商住区、综合商贸区、旅游区；规划了道路系统和交通组织方式；规划出步行街区；完善了市政基础设置配置；开发利用了地下空间。这些政府干预下的地区保护和改造让大栅栏地区的特征、功能得到加固。

2004 年，即北京奥运会举办的前 4 年，政府的"新

---

① 林楠：《保护 更新 延续——〈大栅栏地区保护、整治与发展规划〉简介》，《北京规划建设》2004 年第 1 期。

北京，新奥运"战略构想与彼时北京的城市化实现水平尚有一定的距离。年初，北京市社会科学院组织学者对北京城区的角落进行调查，调研结果成书为《北京城区角落调查》（以下简称《调查》）发布。环境脏乱、市政设施落后、危旧平房屋集中、治安状况恶化、人口结构特殊这5点被列为北京城区角落所存在的主要问题。其中，大栅栏就名列其中，入选理由是这类处于城市核心区域的地区由于地理位置的优势曾经属于城市中的好住处，但是在80年代后又因其地价和特殊性（历史保护区）让房地产商望而却步，所以逐渐沦为"城市中的角落"。[1] 显然，2003年出台的《规划》在一年后的成果没有解决2004年《调查》中所列举的城市问题，因为如市政设施、居民生活环境、建筑状态这类问题并不仅存在于大栅栏。《调查》中引用了两院院士、建筑学家吴良镛在考察大栅栏后所说的话："大栅栏地区的价值在于它是一部中国城市史活的教材。历史上的城市有两种形态：一种是经过人为规划的，另一种是自然形成的，大栅栏地区就属于后者。"[2] 2010年，大栅栏、东琉璃厂街、西琉璃厂街归属的宣武区与原西城区的行政区划重新被设立为西城区，鲜鱼口地区归属的崇文区与原东城区的行政区划重新被设立

---

① 北京市社会科学院"北京城区角落调查"课题组：《北京城区角落调查 NO.1》，社会科学文献出版社2005年版，第162页。

② 北京市社会科学院"北京城区角落调查"课题组：《北京城区角落调查 NO.1》，社会科学文献出版社2005年版，第162页。

为东城区，新一轮的政府规划在这里展开，其中，艺术成为这里活跃的角色。2011 年，在吴良镛"城市有机更新"的城市规划理论基础上，大栅栏地区开始了系列的更新计划。

2. 大栅栏的复杂身份示范区试点，艺术试验场，社区，图像

现在我们知道，这里是一个保有文化遗产和生活难题的复杂地区，但是我们仍要去回答：这里在被哪些人发现？这里在被哪些机构或团体介入？是政府、专家、非营利机构、本地居民，还是与这个历史社区毫无关系的陌生人？

大栅栏地区从古到今有着复杂的身份，这些身份无一不是由来自不同阶层、组织结构抑或怀有不同意愿的人群附加在其上的。近年来，介入大栅栏的各方倾向于达成一个共同的理念——"保护、更新、改造"这个富有历史的区域。其中，由区政府作为主导，运用艺术为社会服务的功能来提供一些软性措施，既对这个地区的空间加以装饰和美化，又同时调和部分公共建筑、民居杂院在拆除和腾退过程中或者商业和流行文化进驻到这里时会出现的问题。所以，对于对大栅栏有着不同诉求的群体来说，他们所认知的大栅栏也存在差异，可以说他们是在不同层面上运用这个地区。这里或者作为政府要推动发展的区域，或者作为有商业发展潜力的区域，或者作为新的艺术试验场，或者作为旅游必到之处，或者仅是一方容身之地。

2011 年，距离北京市确立第一批历史文化保护区已

经 21 年，在不断修改和增补的历史文化保护区指导政策和此时西城区政府的支持下，本地开启了大栅栏更新计划。这个由国有企业作为"区域保护和复兴"的实施主体主导的更新计划，将城市规划师、建筑师、艺术家、设计师和商家拉入一个平台中，并制定了"区域系统考虑、微循环有机更新"的策略，希望将居民与商家联结，社会、历史与文化联结，传统与当代联结，即在试图不损害任何一方利益的基础上，活化、推动、繁荣整个地区的发展，不得不说这设定了一个颇有难度的目标。① 这一轮的更新计划以煤市街以西的老旧生活区为主，其中多为从清末开始由四合院衍化形成的杂院和部分商业建筑，而在煤市街以西的区域则由政府投资改造为全新的商业街。

　　客观上，在进入 21 世纪的第二个 10 年同时也是"后奥运时代"的北京，城市化发展正在接近国际大都市的特征。社会学领域中，芝加哥学派在 20 世纪中叶通过测量和描述区位、位置、流动性等概念最终解释社会分层现象的城市生态学，近年由特里·N. 克拉克领衔的研究团队提出称为"场景理论"的城市研究模式，把对城市空间的研究从自然与社会属性层面拓展到区位文化的消费实践层面。② 场景理论提出城市发展的三个层次模型——传

---

① 大栅栏更新计划，具体内容可参见大栅栏官网介绍：http：//www. dashilar. org. cn/。

② 吴军、［美］特里·N. 克拉克：《场景理论与城市公共政策——芝加哥学派城市研究最新动态》，《社会科学战线》2014 年第 1 期。

统模型、人力资本模型和城市舒适物（Urban Amennities）模型，三者是递进关系。从模型的推演来看，在同样的生产要素和人力资本水平条件下，城市舒适物越多城市发展也就越快。吴军使用场景理论的三个模型讨论北京中关村创业大街、798艺术区和南锣鼓巷三个地区，通过三地有差异的"舒适物、人群、活动元素"组成的不同文化场景来进行比较，试图回答不同场景营造对城市发展的功能作用。① 芝加哥学派这种研究模式肯定了舒适物——有形的设施与无形的服务、体验、审美因素在城市中的作用，是符合理解大都市发展趋势的。因此现代大都市中，越来越倾向可以把艺术与金钱、资本、消费的关系拿到台面上谈论，并且可以认为艺术活动是区域经济活力的主要也是潜在贡献者。② 西城区政府在2011年后对大栅栏的策略变化可以印证这点，也就是采用政府"培育"的方式来让区域内的企业和艺术界之间的联系渠道得到加强，进而对整个地区产生回报。

政府的政策导向使这里成为艺术介入的实验场所。街面、临街建筑与住宅的大量改造需求为建筑师带来机会。

---

① 吴军：《文化场景营造与城市发展动力培育研究——基于北京三个案例的比较分析》，《中国文化产业评论》2019年第1期。文章中在 amenities 一词的翻译中，在中文"便利设施""生活文化设施""文化设施"等词语中使用"舒适物"一词来表达"能够带来愉悦的所有事物"的含义。

② Ann Markusen, Greg Schrock, "The Artistic Dividend: The Arts' Hidden Contributions to Regional Development", *Urban Studies*, Vol. 43, No. 10 (September 2006), pp. 1661 – 1686.

在以保护街道历史遗存与节约资源的基础上，建筑师倾向选择保留胡同肌理，并对临街适宜商业的铺面进行采光设计与空间整合。对已经形成杂院性质的住宅采用试点实验的方式，其中针对这些面积小而难以满足日常居住功能分区的宅院，建筑师选择两种改造的方式。其一为破除原建筑，整体采用几何空间的重新拼接与组合，以探索人在其中的居住与活动；其二为部分地介入，针对部分原有的困难区域（如厨房、卫生间），采用低成本的物料完成组装后以插件的形式植入住宅中。不论是前者对建筑形式感的追求还是后者着手产品化、产量化的思考，现代都市的审美趣味与价值取向都在逐渐改变大栅栏的街区风貌。

"露天美术馆"的观念正在打破传统美术馆与街头一墙之隔的对立，公共艺术入驻街头以来对传统美术馆的挑战已经转换为城市空间的泛艺术化需求，艺术品现下已经成为商业空间中必不可少的"舒适物"因素。同时，从策展人和艺术策划者的角度来看，进一步成立专门的委托代理机构，通过与商家、艺术家的协调互动提升区域价值并同时完成自我造血并盈利。如 1974 年成立于纽约的"创意时代"（Creative Time）、1977 年成立于纽约的公共艺术基金会、1985 年成立于伦敦的"艺术天使"（Artangel）、1994 年成立于马赛的"能力和意愿研究所"（Le Bureau des compétences et désirs）等专业的艺术委托代理机构，均在复杂的委托创作活动中与政府机构、企业赞助人、公共基金组织、艺术家等各方面进行协调并提供专业

图 5.1　《微杂院》，大栅栏更新计划

资料来源：标准营造，http：//standardarchitecture. cn/Index/Index/details/
id/188. html。

建议。这种以艺术专业性为本的委托代理机构在国内几乎是刚刚起步并处于尝试阶段。另外，商业空间追求消费与经济效益最大化的本质，则极易使艺术在其中继续沦为空间美化、点缀或吸引眼球的附加值地位。这一定程度上背离了以艺术作为媒介促进公共参与和交流的初衷，但也是艺术介入商业化空间所必定要遭遇的悖论。

在笔者的考察走访过程中，同时听取了大栅栏地区居民代表对社区更新计划的介绍，包括：居民住宅公私房比例、居民去留的考虑原因、迁居方向，以及原住民对街面店铺商业化的态度等问题。总体来说，居民对其后代子女的住房问题、生活设施以及周边医疗配套设备这类民生问题最为关注，这也是大部分人选择迁居的最大理由（据居民代表介绍迁居去向为西四环房源）。仍在此社区居住的人们对于街面的改造和商业店铺的增加表示接受，但是不会去参与（在此所指的是去消费），当然，其中老年人和年轻人的观念存在差异，本次走访所交流的居民代表以及过程中遇到的居民绝大部分为中老年人。

在听取介绍当中，德国明斯特大学艺术史系多名学者均提出对此地改造"士绅化"倾向的疑虑，并询问在"保护"的范围中，"保护"与"复兴"大栅栏历史当中哪段时期的文化风貌？具体的模式何为？这个问题引发了在场中外学者的一致疑惑。

当然，包括笔者在内的大部分参与人员同时注重在走访过程中观察更多在地居民的生活情状，听取更多的居民发声。据胡同中一位饱受观光客进门观光"骚扰"的居民反映，比起商业化的改造和艺术类活动，居住者更关心当下与自己相关的生活设施（如水、电、卫生）问题，也希望日常生活尽量避免受"被"观光的打扰。以上是实地走访过程中所收集到的不同声音。

在21世纪的今天，通过改造再次频繁进入公众视野里的大栅栏同样出现在互联网世界中。互联网这个20世纪中叶以来的科技成就，将世界各地的设备（更是一个个的"个体"）联系在了一起。人与他人的交流、个体与群体的关系、人的社会性、语言的使用、人的政治等概念

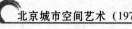

始于人类开始思考之初期。① 从 20 世纪 90 年代开始，社交网络的另一个名字——虚拟世界——带着这份神秘感刺激着现代人的好奇。

正是互联网的应用和各大网络虚拟社区的出现，尤其是社交网络中日益增长的用户图片分享量，呈现出了一幅幅经过人工取景和加工的大栅栏景观。而这类社交网络中的景观与现实景观是具有差异的，但这呈现出了一种新的城市景观、新的体验方式、新的艺术生产方式——漫步与留言式的个人参与。

大众曾经在很长一段时间里对艺术感到陌生是因为相当一部分人没有直接面对过架上绘画、雕塑、壁画的原作，一部分经常阅读的人在书籍（更多的是报纸杂志）上见过艺术品的插图。而距离现在最近的一种接触艺术（和艺术所在空间）的方式有两种：网络浏览以及日益出现在特定街区的艺术类活动。这两种方式可以在此对应两类人群：现实体验大栅栏的游客和网络上浏览大栅栏图像的游客，前者以漫步城市深处的形式，而后者以浏览和留

---

① ［德］尤尔根·哈贝马斯：《公共空间与政治公共领域——我的两个思想主题的生活历史根源》，符佳佳译，《哲学动态》2009 年第 6 期。哈贝马斯在其文章中将亚里士多德的名言"人是一种政治动物"解释为"人是一种在公共空间中生存的政治动物。进而言之：人是一种动物，由于他天生就处于一个公共的社会关系网络之中，因此逐渐形成了使他成为人的能力"。［美］汉娜·阿伦特：《人的境况》，王寅丽译，上海人民出版社 2017 年版，第 1—5 页。汉娜·阿伦特更早时在《人的境况》中指出了亚里士多德"政治"的含义及后来塞涅卡与托马斯·阿奎那用"社会"对"政治"的代替。

言的形式，前者留下的图（影）像为后者所观看。

我们完全有理由相信社交网络中的大栅栏是经过选择和再加工后的城市景观。它们的图像是人工经过构图、取景后的大栅栏印象，是加入了发布者的个人审美趣味的。网络社区中的城市一角有什么样的特质，漫步的游人选择呈现出怎样的图像，浏览的游人又会对这里产生怎样的印象？据在网络社区中的不完全统计，"大栅栏"标签下出现频率较高的图像有：在地居民的日常生活抓拍、艺术活动的抓拍、新的商区（北京坊）、民俗艺术、改造后的杂院、街头细致的装饰（墙上的涂鸦、贴纸、浮雕）等。以上用户在网络社区里上传和分享图片的行为是一种虽无（金钱）利益上的，但在情感上是有被认同需求的表现，它是大众表达自我情感的一种现代方式，但我们仍能从其中观察到大众的潜在需求——需要洁净又蕴含历史的街区来满足体验感、艺术活动和艺术品来满足美感、国际化和民俗化交融的商区来满足消费需求。

可以将这个地区图像化、数据化并且上传到互联网这个动作本身是（有限）自由的，政府和企业针对大栅栏建立了网站，建筑师和艺术家可以将自己参与的作品更新到自己的个人网站或者社交门户主页，但其中数量最多也是最分散和无体系的是游客的上传和分享。大众旅游活动的普及象征着社会中对人口流动的限制开始解绑，国内经济的发展和生活水平的提高让作为精神消费的旅游活动成为大众消费的主要选择之一。英国社会学家约翰·厄里

（John Urry）将"凝视"这种后天受社会影响的观看方式放置在旅游这种人类活动中去讨论，"游客凝视"的存在来自差异性，也即游客可以暂时摆脱常规的事物而投身到异域的新奇事物中从而获得刺激感和满足感。① 大栅栏作为北京的旅游景点其最初的卖点在于有历史感的老字号和街巷所营造出的怀旧街区，但其中大部分的仿古物件和一度沦为入选"城市角落"的街区环境令这里消沉。再度吸引本地的消费者以及外地的游客，转变大栅栏的生态环境，让"大栅栏"本身成为一个品牌并且靠运营产生经济效益是政府投入之初的目标。

因此综合来看，网络中的大栅栏景观更像是各方努力营造出来的"更好的自己"，尤其是街头上增加的艺术作品、建筑师在杂院基础上改造出的建筑物以及举办过的相关交流活动吸引了更多游客拍摄与此相关的大量图像，这类图像在网络中的吸引力盖过了部分拍摄大栅栏民居区域仍存的卫生和人均居住面积等问题的图像。同一地区产生的图像间的差异值得我们引起注意，在这当中艺术的介入是否一开始就被用于抢夺参观者的眼球而存在，曾经在公共空间中的艺术创作与受众人群之间引入作为"缓冲区"的第三部门来避免争议和解决问题，这类机构在实际操作中有多大的自主权可以发挥作用，或者仅是作为政府、商

---

① ［英］约翰·厄里、［英］乔纳斯·拉森：《游客的凝视》，黄宛瑜译，格致出版社2016年版，第1—2页。

场采购艺术品的中间机构而存在，这类问题目前只存在于学者的发声层面。

从"地区"向"社区"、从"改造"向"营建"再至"创作"、从美化与装饰到生活化与地方性的再发现，大栅栏的地域性管理和开发方式不仅在客观上暗合国内自20世纪末至21世纪以来在城市景观与视觉文化上的变革潮流，也在追随当代社会中不可逆转的艺术的大众生产趋势而变化。这一切表现在政府与开发商主动地搭建开放性的合作平台上和"互联网＋"时代自媒体对市场份额的占有率上，大栅栏社区的创作与再发现便是由着这条道路走至今天。

（二）城市更新背景下的"微改造"和"小尺度"模式

进入21世纪后，北京城市发展取向在彰显历史与城市更新之间达成了平衡性的一致，这奠定了一种多元、弹性、人文的发展策略亟待以实际可操作模式投入实践中去。然而，具备中国特色并可嵌合古都风貌遗存的城市更新模式需要理论和规章上的深度与延展性，这意味国际上如北美、西欧、东亚诸国的已有改造模式只能作为概念上的借鉴与参照。在实际操作中，如北京的不同城区、社区、街道，其原有的街区风貌与文化积淀各不相同，改造过程中以住房为代表的民生属性、切身利益问题也存在差异。因此，北京的城市更新历程在21

世纪初期实际可以被分解为两个过程：第一，以政府为主体，在传统历史文化区域基础上，统一修复、拆迁与重建的延续；第二，打破统一模式，在历史文化保护区的划分基础上，提出不同区域或区域中的不同节点皆以实地调研为前提，做出联合政府、企业、居民等主体共同协商改造的模式。

以上所述的第二个过程，首先在北京城的内环核心地区进行试点，后面逐渐以区划或者更小的街道社区为单位在全城展开。基于既有的文化特征与空间遗留两个要素，以及城市在经历"大拆大建"模式后显现出的弊端与自我反思，使"城市更新"理念的发展前景势必要走向以文化性、地缘性因素为本的"微改造"模式和以保护、展示文物和非物质文化遗产（尤其是后者）为本的"小尺度"建设模式上。其中，前者多见于胡同、街道及一些边角空间中，后者体现在近十年中相继落成的小微博物馆群中。后文从以口袋公园、城市家具为代表的"微改造"模式和以小微博物馆为代表的"小尺度"模式两种城市更新取向展开。

1. 城市街区中的"微改造"

如前文所述，在像大栅栏地区的更新过程中，针对街道胡同历史遗存采用建筑和艺术试点实验的方式部分地进行改造。这种以"点"带"面"的城市更新方式同时在西城区白塔寺文化保护区、什刹海风景区、798 艺术区等地均有实践，成为后奥运时代北京用以缓解历史遗存和城

市更新之间矛盾的一种可操作方式。此外，对于道路扩
建、私房拆除或周边重建后形成的闲散空间或边角空间，
则引入了 20 世纪 60 年代产生于美国的"口袋公园"
概念。

口袋公园，又名袖珍公园，顾名思义指选址上面积较
小而形状不均，在高楼林立的城市中心或者鲜有人注意的
街道一角、社区一隅存在的再生空间。口袋公园的空间利
用以地缘性为纽带，首先服务于周边人群，是兼具功能性
与人情味的公共空间。如诞生于美国纽约的第一个口袋公
园佩雷公园（Paley Park），其重建于俱乐部旧址上，在
390 平方米的占地上布有藤蔓、树木、公共家具和一座
6.1 米高的瀑布，营造出与城市噪声隔绝的私密休闲空
间。① 笔者自 2015 年开始关注北京在城市修补、腾退还
绿过程中对口袋公园这种空间重塑方式的应用。北京的口
袋公园建设按照行政区划向下辖街道分布，自 2014 年前
后朝阳区、东城区、西城区开始试点以来，截至 2018 年
每区每年以数十处新园数量增长。

在笔者以北京城六区为主的对口袋公园及街道空间城
市家具的走访中，其中呈共性的特征以及主要问题显现为
如下方面。

其一，围绕所在地的地域历史与当下空间特质进行设

_____

① 参见词条"Paley Park"，维基百科，https：//en. wikipedia. org/wiki/
Paley_ Park。

计和展示。譬如位于北京市西单横二条胡同的西单口袋公园，占地约 200 平方米，整体呈南北向，毗邻西单地铁 4 号线 B 出口，原址为热闹嘈杂的小吃街，在城市专项整治后转型为公园。西单口袋公园的整体设计与周边地铁空间进行呼应并参照了轨道交通空间常用的折板结构，在立面墙上以数据节点的方式回溯了西单地区的商业文化大事记，用老照片和浮雕展示出了在地以往的商业繁荣与居民日常生活。公园内部除绿植之外安置了现代简约风格的座椅，并按照空间的错落设置了较具私密性的位置。其二，同时考虑到日常使用频率较高的在地居民和流动性的人群进行使用，空间兼具民俗文化特征和生活氛围。以地安门西大街与东福寿里胡同交界处的东福寿里口袋公园为例，占地约 870 平方米，整体呈梯形，毗邻地铁 6 号线北海北 A 出口，原址为地铁拆迁后的闲置用地。公园采用了仿古式的回廊，花窗影壁相互借景，在小空间中营造出游园的趣味。南墙的青瓦、窗花以及一组在煤炉旁安静阅读着的少年的雕塑，又形成了一种家庭式的怀旧氛围，联系着在地居民的文化认同。其三，在城市更新与空间转型的同时后续维护相对缺失，这种缺失在街道空间中的城市家具中相对明显。与口袋公园所具备的建筑边界感不同，城市家具通常作为单体或者与街道立面形成融合的形式存在，一方面这是当下作为城市公共艺术品的城市家具直接介入街道空间的新的尝试，尤其对于拆迁后成为街面遗存的边角空间具有"扭亏为盈"的效用，并以此增加附近居民对所处环境的归属感和荣誉感；另一方面，这种缺乏边界感的城市家具容易落入"三不管"的局面，以至于其艺术空间、生活空间遭到侵占，导致城市家具与街道的空间营造损坏或消失。如位于王府井西街与大甜水胡同、大纱帽胡同的两处街道转角用钢造型和街道墙体围合的街区新空间，在笔者最近一次考察中植物已经遭到移除，围合空间中堆积着环卫用具。

图 5.2　西单口袋公园，左上、下分别以文字和浮雕形式记录
西单商业文化大事记，右上、下为城市家具，笔者摄

图5.3　东福寿里口袋公园，左为通过雕塑与背后影壁墙形成的
家庭式的阅读场景，右为"福寿里"公园标识，笔者摄

图5.4　王府井西街与大甜水胡同交叉口的城市家具，
右为被环卫用具堆积的空间，笔者摄

资料来源：左侧来源为有方。

2. 文化旧地中的小微博物馆

　　与大栅栏毗邻且同属历史文化保护区的琉璃厂，在旧时被称为"文化街"，是文人雅士寻访古玩、字画与线装书的去处。然而20世纪以来，由于受社会环境的影响，琉璃厂的面貌变化极大，很多古玩铺、书铺、刻字铺、笔店等

文化品店和生活遗迹的样貌仅存在于旧照片中。而发生在此地的旧闻旧事，目前只能通过一些图纸、报刊加之个人的回忆和口述进行拼合，试图呈现出这块文化宝藏地的旧貌。

20世纪60年代初在官方的授意下对琉璃厂进行了恢复和调整，陆续对古书业、文物业、文化艺术用品和工艺美术品这几大行业进行了安排。[①] 而在80年代后，大众普遍增强了经济意识，部分人开始围绕文物收藏获取利益，北京的古玩商店和旧货市场逐步呈现出火热的态势。琉璃厂文化街以经营字画与文玩为主，与偏重地摊文化的潘家园市场不同的是，琉璃厂更意在传承和营造本地的文化气氛。

2000以来，北京的博物馆开始对民俗类专题成体系地进行综合塑造与收藏展示，对传统民俗文化的注目与振兴正式进入城市文化建设体系。在新中国成立的半个世纪中，国家在文化艺术领域所强调的"民族化"命题在这个时期突破并衍生出一条并行的方向，即"民俗化"取向。至此，围绕老北京民间信仰、习俗、工艺与日常物件而展开的公共收藏与展示进入北京街面上，并形成多样态的城市景观。

如前文所述，在21世纪初的实验性艺术展览中，艺术家已经开始运用属于家庭私有财产的日常物品来进行公共展示。个体生命和日常物品通常被定义为有限的和平凡

---

① 参见《琉璃厂文化街调整恢复方案》，北京市档案馆。

的，甚至在被卷入战争或政治运动时其脆弱性将暴露无遗。城市博物馆系统所转向的民俗类展示与普通的日常物品尚有差距，"民俗化"是继"民族化"后满足社会中艺术多元化取向的选择，也是区域性地促进大众文化福利的策略。因此，通过对既有的艺术边界不断试探与逾越成为当代艺术得以继续存在和发展的内在动力，但这并不是时下社会所接纳的主流艺术形式，在我国，仍是以"五年规划"所部署开展的长期国民经济计划为指导层层下达政府意志。

毗邻大栅栏的琉璃厂在区划改革后同属西城区，近年来，在民宅四合院基础上改建成的小型非遗博物馆成为传统文化街转型的方式之一。

图5.5　93号院博物馆，笔者摄

以坐落于西城区铁树斜街的 93 号院博物馆为例。93 号院博物馆于 2014 年开馆,在再度修缮利用老旧四合院的基础上展陈代表北京民俗特色的剪纸、兔爷泥塑、布老虎、彩绘脸谱等物品。据笔者在与工作人员的交流中了解,博物馆在展陈和部分销售的同时,也定期举办非遗技艺体验活动,这些活动立足周边社区、中小学校,并且逐步向旅游人群和全市人群进行辐射。另有与 93 号院博物馆相距不远的老窑瓷博物馆,是以传播古陶瓷文化为主的小微博物馆;位于什刹海北岸的郭守敬纪念馆,将郭守敬对天文、水利、测量等实践结合北京市大运河文化带建设进行展陈。以上这类运营初期以面向周边社区人群和中小学生科教活动为主的小型公益性质展馆,从参观人群数量和人员构成统计上来看,在近 5 年中受众范围、层次已经得到扩充。[①]与大型博物馆的丰富馆藏相比,小微博物馆更多从一个类别的文化切片入手,往往选择与地缘特质沟通紧密的非物质文化、民俗文化或历史故事为主题。与传统博物馆相比,小微博物馆对观者的参与门槛也进行调整,展陈内容和方式上更关照到观者的年龄、学历、素养等方面,这吸引了更多进门"闲逛"和"遛弯儿"的普通民众。

因此,"小尺度"模式下的大众文化福利策略得到了

---

① 《北京市西城区:"微改革"促进小微博物馆融入社区》,2019 年 6 月 13 日,中国文明网,http://www.wenming.cn/dfcz/bj/201906/t20190613_5148634.shtml;《"冷门"小微博物馆如何火起来?》,《北京晚报》,2019 年 1 月 25 日,http://www.wenming.cn/dfcz/bj/201906/t20190613_5148634.shtml。

适度的回应，一方面它对传统意义上面向较高层次的社会文化教育进行了弥补；另一方面，它被纳入文化、商贸、旅游的"文商旅"综合体中，成为推动服务业模式创新的一个基点。如北京的大栅栏地区和什刹海地区都属于典型的文化街区，由于城市发展和商圈林立，亟须通过转型来弥补消费群体的流失，因此挖掘与展示街区的精神文化内涵的"以文带旅，以旅兴商"模式也使文化资源受到进一步重视。

从开放空间到公众交流本身

日本思想家和大众文化研究者鹤见俊辅在《限界艺术论》（1967）中提出了"限界艺术"的概念。"限界"的意思指 marginal，因此中文有翻译为"边际艺术"或者"临界艺术"，又或直接使用"限界艺术"。译林出版社《新编二十世纪外国文学大词典》对这个概念做了引介，说明了鹤见俊辅对"纯粹艺术"、"大众艺术"和"限界艺术"三者意义的界定。① 这个在 20 世纪 60 年代提出的

---

① 王逢振等主编：《新编二十世纪外国文学大词典》，译林出版社1998 年版，第 30 页。词典中的内容如下：1967 年鹤见俊辅在《限界艺术论》中提出，在传统的"纯粹艺术"与"大众艺术"之外，还存在着一种介乎生活与艺术之间的限界艺术（边际艺术），即由非专业艺术家创作的民谣、小调、宴会歌、谚语、笑话等。它们的区别在于："纯粹艺术"是由专业艺术家创作的，有专业的读者对象；"大众艺术"也是由专业艺术家创作的，只不过在制作过程中渗有浓厚的商业色彩，其读者对象是大众。而"限界艺术"则是由非专业艺术家为非专业的享受者而作，带有强烈的庶民性，在艺术价值上较前二者为低，被称为"凡人艺术"。

"限界艺术"对非专业创作者与非专业接受者进行注目，在 21 世纪初成为日本越后妻有大地艺术祭等一众地域创生艺术活动的有力注解，为北川富朗、福住廉等一再援引并且借此推进公众在生活中与艺术的交融。① 专业性在创作活动与接受活动二者中虽同时缺失却最终完成的活动一度被艺术界忽略，也鲜有理论涉及。但鹤见俊辅指出，这种活动却占据人类艺术活动中的巨大部分。这种观念却在当下十分容易被接受，因为在日常生活中对艺术经验的加深以及当下社会中艺术观念的不断刷新与重叠使人们的一些日常活动现下也被纳入艺术活动中去，而大家对此也喜闻乐见。鹤见先生对限界艺术两种特征的归纳——原始性与双重性，是对 21 世纪艺术发展的有力前瞻。

虽然传统的私人收藏或私人委托艺术在提出需求、进行交涉、创作、交付和后期维护的这个过程十分烦杂，需要专业与诚信在其中。但是较之而言，公共空间中的艺术所牵涉到的环节、所涉及的人与事都更为复杂，并且基于不同的空间类型和要达到的不同目的，艺术之于公共空间能使其达到的目的、呈现的效果或者效益是首先被关注的问题。正是如此，作为承载艺术的空间，其是否与作品相

---

① ［日］北川フラム：『ひらく美術：地域と人間のつながりを取り戻す』，筑摩書房，2015，第 152—156 页。《"临界艺术"在中国的展开》，2016 年 8 月 21 日，重庆十方艺术中心公众号，https://mp.weixin.qq.com/s?＿biz=MzA5NDczNjgzMQ==&mid=2732422369&idx=1&sn=8324e8aa24a5989a6f397eb9f844774b&chksm=b763cc3180144527e8a6f6f60643a35bf5bcfbeb8ce96a3e7781fe842727deff1058466e5092&scene=27。

得益彰；艺术在其中是否达到了装饰、美化，甚至于创造和活化的效用；其是否因为接纳了艺术而达到成为地标或地域振兴的作用；其是否反过来最终成为艺术存在的一片乌托邦；其是否能使范围内的公众真正民心所向并与有荣焉，这些都是不同国家、政府、企业或者非营利机构去真正牵头促成公共空间中的艺术落地的最初目的。

在公共空间中委托艺术作品这种方式是当下最为成熟也最常见的做法。然而，除了对艺术家和艺术作品的遴选及对目标空间的各方考量之外，一部分关注点和重心开始投向先前较之前二者被忽略的公众身上。可以说，从对艺术作品（和艺术家），到对公共开放空间，到对公众本身进行理论的关注与投射，是经历了一个顺序过程的。

汉娜·阿伦特从时间维度对公共空间进行了阐释。从对古代公共空间的政治性解读，称其"是由一个或数个中心所支配（宗教中心或是世俗的权利中心）"。到19世纪后由于城市结构及其背后的秩序变化，传统地标性质、具有绝对权力象征的公共空间被新的规划取代，再到现代人相互关联、交流的方式与媒介的转变，因此"转变了公共空间的定义以及他们与都市空间的凝聚关系"①。与阿伦特对公共空间的看法一脉相承，卡特琳·格鲁将公共空间与公共艺术关联起来思考，并且通过援引艺术实践案

---

① ［法］卡特琳·格鲁：《艺术介入空间：都会里的艺术创作》，姚孟吟译，广西师范大学出版社2005年版，第75、85页。

例来阐释其观点。她认为，公共空间是一种时空的共享，艺术的介入所创造出的时空分享不论是对事先就存在的公共空间的显现，或是新的公共空间的形成，都有所助益。阿伦特与格鲁都将视角转向"人"的维度，跳出对实体的城市空间的关注，而转换到复数的人所形成的群体这个层面来。

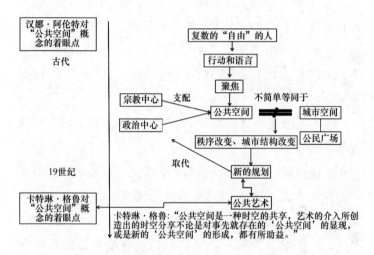

图5.6 汉娜·阿伦特与卡特琳·格鲁对公共空间的解读，笔者绘

因此，对这个艺术实践活动中的公众的关注、对非专业性质的参与者的关注，是本书所着眼的"公众交流"，二者缺一不可。

（一）共生空间中的交流——安住·平民花园

位于大栅栏社区的杨梅竹斜街66—76号夹道全长66

米，最窄处仅为 1 米，最宽处也仅为 4 米，是不折不扣的老北京胡同。杨梅竹斜街街面改造项目是北京老城（北京城市总规划将"旧城"字眼改为"老城"）改造项目的一部分，项目想要达到的目标是通过新的商业机制使这条老街产生自我造血的能力。① 从它的地域特性来看，仍然是依托大栅栏社区的历史文脉及原有的商铺、游客资源，走"文商旅"融合发展的路线，这也是文化产业日益兴盛后国内所采取的较为成熟的商业模式。与街面不同，夹道的绝大部分作用依旧是维系内部 5 户人家和外界的交往，而内部居民已然难以跟上外界"文化街"的转型速度。

中国城市建设研究院无界景观工作室承接了杨梅竹斜街的改造项目，对于街面采取了地面铺装和绿化，尽量弱化人工设计感，而对于夹道和内部居民，则采取了公益性质的介入方式。以《胡同花草堂》命名的计划的着眼点是"花草"，这是调研后提取出的居民间的兴趣交叉点。因此，提供辅助性的生活基础设施和收纳装备的设计介入，并促使在地居民用自己的知识储备与日常爱好对空间进行改造，形成能延伸到外界的交流与活动，是《胡同花草堂》的项目理念，最后也作为一件作品《安住·平

---

① 童岩、黄海涛、谢晓英著：《安住·杨梅竹斜街改造纪实与背后的思考》，文化艺术出版社 2019 年版，第一部分第 3 页。"项目预期目标是：'在不破坏原有老城街道肌理的基础上，改造街道的基础设施与环境外观，通过房屋置换等手段引进新的商业机制，将这条以本地居民为主的老街打造成具有自我生产能力的旅游产品。'"

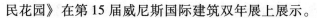

民花园》在第 15 届威尼斯国际建筑双年展上展示。

《胡同花草堂》计划正是非专业创作者与非专业接受者之间的一次对话，无界景观工作室提供了如排水、修路、收纳方面的设计修缮，但种花种草这个中国人几乎每家每户都喜爱的家居活动，无须艺术专业性的美化，是一种自然赋予的美。共同的种植活动促进了居民之间的交流，这里自然涉及相互种植技术的交流和展示、互相帮忙照看打理，特别是瓜果成熟后的分享。最后，这个先前只作为从私密的居住空间通往外界的狭小的物理空间，转化成为胡同内部有交流，并且吸引外部游人入内参观与交流的公共空间，再到作为一个整体的装置作品而存在并被接受，成为当下对艺术的一个解读标识，也成为一种如"限界艺术"提出时所启示的一种能越来越被社会重视和接纳的当代艺术方式。

（二）交通空间中的互动——8 号线南锣鼓巷地铁站"北京—记忆"

公共交通的客运量是呈逐年递增趋势的，在广义上，公共交通包括民航、铁路、公路、水运等交通方式；狭义的公共交通是指城市范围内定线运营的公共汽车及轨道交通、渡轮、索道等交通方式。① 现代化城市公共交通体系

---

① 参见词条"公共交通"，维基百科，https：//zh. wikipedia. org/wiki/公共交通。

在得到一定发展后，成千上万人组成的群体在固定的空间与重复的路径中通过，因此诞生了所谓"交通艺术"。基于"交通艺术"的存在场所与预设中的观者，它属于"公共艺术"的一部分。"交通艺术"最初也作为装饰与美化目标空间而存在，公共交通在完善其功能之外需要观照到人文关怀，这促生了一批批针对站点或特定场所而订制的艺术作品，也因此公共交通逐步发展为能包容艺术家最异想天开和雄心勃勃的艺术理念，并成为展示当代艺术的一个固定的独特场域。

公路沿线、交通枢纽、站点等是艺术较为集中的场所，地铁和地面轨道交通形成的网络对艺术的需求量最大，像机场这种现代化大型设施也隐隐成为艺术的一个新型聚集地，"地铁艺术""机场艺术"已经成为专属的名词。

人群最初只作为此中艺术作品的预设观者而存在，历年被统计出的可观的客运量数据激发着创作者的热情，在百分比艺术政策的指导下国际上存在数不清的"交通艺术"，当然，在地性是最为重要的元素。如美国纽约大都会运输署（Metropolitan Transportation Authority，MTA）在20世纪80年代以来启动的大规模地铁站与车站项目、英国伦敦的"地铁艺术"（Art on the Underground）项目、法国波尔多电车路线公共艺术项目、日本公益财团法人日本交通文化协会推进的车站与机场项目等，大部分都是对所在场所进行追忆、纪念或者幻想。艺术与科技的结合创造出了一些新的形式：如美国加利福尼亚圣荷西国际机场的声音作品《音速门》和英国伦敦斯特拉特福德地铁站的影像作品《斯特拉特福德骗局：严肃空洞喜剧的幕间休息》试图进一步吸引观者并且提供互动效果。

北京地铁在 20 世纪 80 年代开始作为城市窗口项目出现，地铁公共艺术也随着地铁网络在城市的蔓延而得到发展。2014 年，北京地铁 8 号线南段南锣鼓巷站投入运营，共同进入大众视野的是站内"北京—记忆"公共艺术计划（以下简称"北京—记忆"）。"北京—记忆"长 20 米，高 3 米，远景呈现出的是用琉璃组成的老北京生活场景剪影形象，而近景可以观察到每一块琉璃中封存的是老北京生活物件和对应的二维码，路过的观者可以通过微信扫码在手机中获得对应物件的简介（语音和文字），也可以在页面留言互动。

"民俗化"问题所受到的关注要远晚于"民族化"，它先是通过文化遗产再次走入关注视线，又与文化产业联动成为一个受到注目的问题。近年来，民俗愈加受到重视。在北京，旧社会的一些传统技艺代表一种珍贵的非物质文化遗产，代表一种随城市发展而无处可追寻的童年记忆，一个被人们熟知又遗忘已久的老物件足以引起公众自发的倾诉与交流欲望，也因此"北京—记忆"在其站点——南锣鼓巷——位于北京旧城的一个古老街区呈现。"北京—记忆"计划背后需要通过采访民间老艺人得到口述与影像形成材料支撑，也需要在小程序后台收集公众的记忆完成互动。这些基于互动而形成的旧的记忆与新的认知的交融，以及在北京这个繁忙而拥挤的站点中现代城市面貌与传统街区肌理的碰撞，在线上的模拟社区中留下痕迹。

对公众本身的关注延伸出此类艺术实践。虽然这种由非专业创作者与非专业接受者之间的互动之外尚有艺术工作者在场，并在整个活动中承担设计与技术环节，但这仍不乏为一种新的当代艺术方式。在当下，社会对艺术的认知程度和接受程度已得到较大提升，看来，相比"人人都是艺术家"所提出时的语境，"人人都识艺术家"和"人人都适艺术家"的社会基础和话语权力都在不断改善当中。

 ## 三　暂时性艺术的再现

> 不变性被社会赋予价值。人们总渴望一种固定不变的风格，通过它本身的永久性来传达永恒的意义。而同时，社会也呈现出对一种适时的当代艺术的偏爱，力图反映暂时的、因地制宜的文脉。
>
> ——帕特里夏·菲利普斯《暂时性和公共艺术》

国家（政府）因循政治性需要而向社会投放价值导向，因此不论是城市中出现永久性的抑或暂时性的艺术作品，这二者的意义都不是其得以呈现的根本原因。艺术在城市公共空间（尤其是一国首都）中得以呈现本身，便是一种选择。暂时与永久相对立，意味着在不可衡量的时间概念上添加了变量，因此也暗示着变数和不稳定因素。1978 年的"十一"国庆节前夕，中国美术馆外街道与公园一带出现的非官方户外艺术展和一旦受政治因素触及就会发展为政治游行的"艺术运动"，在当时敏感的社会氛围下迅速被政府干预。此后，暂时性的艺术便不为政治权力所选择，城市中也渐渐没有了为这类艺术所提供的空间。

　　暂时性艺术在北京的"正式"再现应当是在 2008 年北京奥运会当晚，艺术家蔡国强的作品《历史足迹：大脚印》呈现在南二环永定门经天安门、故宫、鸟巢这段 15 千米的城市中轴线上空。这件在国际大型盛会上呈现的暂时性艺术作品，其首要的考量便是政治因素，是同时展示中国沿着自身古老的民族历史一步步走到当下，并一步步按照自己的路线走向未来的时间脉络，与走出国门走向世界的空间脉络二者的表达，中国也需要在国际社会上定义自己的位置的表达。因此，这件作品政治寓意凌驾于其艺术性、人文性、公共性之上。

　　为什么暂时性艺术又再次出现在城市中，什么促使它"卷土重来"？当然，首先要排除的就是政治性的社会动员。公共艺术、当代艺术或者更富实验与先锋意味的艺术活动逐渐在被主流社会接受，但其唯独不能与大规模的群众运动发生关联，这是这些艺术能否最终在当下社会中实现的"默认"的门槛，是不可触及的底线。因此，再次回到大众视野中的暂时性艺术是脱离了政治运动的艺术现象，而更专注于成为"与地点、事件和场景相配套的一种'活的'表演行为及视觉艺术品"，是在艺术领域中的对传统的永久性和纪念性作品的颠覆。[①] 也因此，暂时性艺术以艺术发展至当下对自身既定边界的拓展、对城市（和乡村）空间的争取以及对居民日常生活的触及，使它在社会中获得了准入许可和在艺术可讨范围内的创新与实践。城市中的暂时性艺术通过新的形式展开：围绕一定主题或为突出某一风格展开的限定时间和地点的活动与节日。

暂时性艺术以节日、活动、秀（show）等方式回归到大众视野。譬如在获得全球创意城市网络"设计之都"称号后开启的北京国际设计周，从 2009 年开始已经形成了年度固定举办的城市大型活动，并开辟了设计奖项、主题展览、论坛等多个活动平台和城市中多点分散的展览分会场。一方面，如北京设计周这类大型艺术活动是全球艺术圈中业已形成规模的当代创作和展示行为之一，它的对象空间已经不限于美术馆、博物馆空间与其他城市公共空间的潜在对立，而是通过活动介入城市以及城市中的地区（大部分倾向选择被忽视的或没落了的地区），并与具体的场景、具体的地方人群产生对话；另一方面，这类艺术

[①] ［英］路易莎·巴克、［英］丹尼尔·麦克林：《当代艺术委托创作指南》，李丹莉、杭海宁译，北京美术摄影出版社 2019 年版，第 22 页。

活动的触角能涉及国际最具个性和多元的设计理念与实践展示，但同时对地方特色（如文化遗产、民间艺术等）给予同等的关注。并且，在进入具体项目时，注重与参与者产生对话并提供艺术引导。在面对宏大的主题（如"智慧城市"）时，北京设计周经常抛出向城市中更小单位的地域或场所聚焦的活动策略，以此促使面对城市问题时创作与设计能跨出理论层面而从基层的实践中去解决现实问题。再如北京设计周中的论坛平台，与大栅栏商业区和老旧住宅区、白塔寺片区与庙会活动、什刹海历史社区等具备广泛非艺术专业的接收群体进行联系，对公共空间的传统功能进行设计更新，通过惠民的方式与在地人群形成认同感。类似的艺术方式有相当多的国际案例可供参考，在目前较为主流的欧美日韩展区之外，另有拉丁美洲的南方共同市场双年展（Mercosul Biennial）、波多黎各圣胡安工艺/图像三年展（Poly/Graphic Triennial）等。

近十年来，具有娱乐展演性质的主题灯光艺术节同样在城市中屡见不鲜。譬如蓝色港湾灯光节，作为商业中心季节性营销方案的营销形式之一在活动成本上获得了预算，这类活动普遍以大型艺术装置、灯光表演和歌舞表演为主，利用鲜艳的色彩、卡通或搞怪的吉祥物外形以及吸引眼球的科技感将观众带入剧场般的体验模式中去。格洛伊斯在区分传统展览和艺术装置时，通过对古希腊政治体制的追溯、对现代社会民主秩序的由来以及对哲学家本雅明的学说进行一系列的引用和思辨总结出自己对艺术装置的认识，他认为装置将空无的、中立的、公共的空间转换成了一件个人作品，它邀请观众把这个公共空间当成作品的整体空间来体验，这个空间里的任何东西都能成为作品的一部分，仅仅只是因为作品在这个空间中展出。与他列举的先锋性艺术装置相比，灯光艺术节则是艺术装置的温和变种，"艺术装置的空间是艺术家的象征性私有财产"变为商品社会中资本为吸引消费者而制造出的娱乐景观。

在针对当代社会城市景观、文化遗产保护、地域认同以及促进公共空间审美想象来说，暂时性艺术的理念和实施方式往往能与社会学、城市史学及科技概念较好融合，补充和拓展城市中的艺术实践形式，通过灵活的艺术策略维护、展现特定地域的文化内涵，并且为更多非专业接收群体提供艺术体验。艺术在其中显现出引导、创意、活化、娱乐等作用，补充了非专业接受者与永久性作品接触时遗失的作品内涵，同时补充了某些趋于模式化、雷同化的呈现模式。

 四　在城市中重寻自然

刘易斯·芒福德（Lewis Mumford）在追溯城市的起源与演变时说道："最初的城市把圣祠、城堡、村庄、作坊和市场形成一个城市整体后，后来一切的城市形式多少都采用它们的物质结构和公共机构的形式。"城市的兴起必然改变了大自然的原有面貌，人类脱离自然而建构城市。在近代工业革命与城市扩张当中，城市建设更是以环境污染、生态破坏、能源消耗等为代价。城市将一切人类活动所创造出的物质、文化、精神固存了下来，成为人类文明的宝藏，可以说人类一代代创造出了城市，却一步步破坏着城市，而最终摧毁的则是人类本身。因此，人与自然、城市与自然对话的重构在当代被视为地球生态未来发展的重要命题。

城市景观设计、建筑、当代艺术的观念与实践是城市营建价值取向的风向标。此前，艺术之于宗教、皇权，或者艺术之于市场、大众消费的物质与文化痕迹无一不透过书籍、档案、建筑物、雕塑与壁画、石碑、商业体等保存于城市当中。近年来，从生态、环保概念出发的城市设计、建筑、当代艺术的观念与实践呈现出对自然的向往与追求，在当代城市通病和城市更新的命题中，重新朝着自然界"寻找出路"。

在当代城市的发展规划和问题应对中，北京一直在控制城市规模和调整空间结构。20 世纪 90 年代后以旧城为中心向外呈环线的城市扩张方式被批以"摊大饼"模式，2000 年后，《北京城市总体规划（2004—2020 年)》提出在城市空间布局上构建"两轴—两带—多中心"的空间结构，继而又在《北京城市总体规划（2016—2035 年)》提出"一核一主一副、两轴多点一区"的空间结构，以求疏解、平衡、治理北京的"大城市病"。城市病的症结，归根到底在于生活于其中的人。当代城市存在脱离人类需求与原本理想的危机，沦为被资本操控并容纳越来越多商业体、CBD、产业区等的大型容器。并且，基于资本流动的全球化，城市之间则趋于同质性，慢慢地城市布局如同摆放货架一般，城市本身则沦为"货架城市"。[①] 这一切造成了城市间以及城市内资源分配不均、土地开发过度、城市生态污染等直接问题，降低了人口宜居指数和人群生活幸福指数，长期来看，这将直接阻碍城市的可持续发展道路。

针对环境问题，北京及国内很多城市尝试过对生态景观直接进行设计和改造。譬如针对城市湿地与滨水河道问题，则有如成都的活水公园、秦皇岛的汤河红飘带公园、上海后滩公园、北京的通州运河文化广场、北京东南二环护城河休闲公园等带有承接地域文脉的、提供生活便利的城市家具的、塑造审美情趣的城市景观设计。这类通过艺术策划与现代设计的针对城市特定场域的介入，在全球范围内也越发受到重视。它试图杜绝对城市老旧、衰落或者边缘化的空间进行颠覆式的翻新，一方面保留了原有的生态环境和自然地貌，另一方面则通过建造博物馆、河畔（或湖畔）公园、滨水景观、城市森林、城市家具、艺术品等来诉说地域历史，凸显人文特征。在国际上这类代表

---

① 马岩松：《山水城市》，广西师范大学出版社2014年版，第49页。作为建筑师的马岩松认为大多数的现代城市是没有灵魂的"货架城市"。然而，"货架城市"其实用功能和优势在世界范围内的资本争夺中"适者生存"了下来，这也解释了为何国际上一些大型城市，包括中国在改革开放后义无反顾地选择了大规模、可复制、密度大、实用性强等因素的所谓没有灵魂的城市建设方式。

性景观不胜枚举，如美国长岛市猎人角南滨公园、英国布莱斯沙地改造项目、韩国首尔清溪川景观改造项目等。这些设计和艺术介入为在地居民或游客提供了接触自然以及日常交往娱乐的空间，是人类应用科学技术与文化审美使自然趋向人工化的改造过程。

近年，"山水城市"的说法再度被提起。"山水城市"最早出现在钱学森先生于1990年7月31日给吴良镛院士的信中："我近年来一直在想一个问题：能不能把中国的山水诗词、中国古典园林建筑和中国的山水画融合在一起，创立'山水城市'的概念？人离开自然又要返回自然。社会主义的中国，能建造山水城市式的居民区。"[①]"山水城市"这一富于中国式的关于空间、城市、人、自然的理念被王明贤及中国年青一代建筑师关注。山水城市的当代解读涉及城市与自然山水的有机结合，这触发了关于自然美与人文美、建筑与环境保护等实践。其实，近二十年来关于绿色环保建筑概念以及实践当中天然材料的使用已经引起世界范围内的关注，纸建筑、竹子建筑、木头建筑在建造比赛、城市展览中屡见不鲜，并且一些已经应用于功能性实践中。此外，直接以城市山水为意向的新派建筑（如北京朝阳公园广场建筑群这类建筑）在城市中落地。建筑通过加强自身技术端，即技术革新使楼层中的通风过滤系统更加完善，并提供给建筑内人群更为舒适的

---

① 鲍世行：《钱学森与山水城市》，《城市发展研究》2000年第6期。

视觉感、温度感。它所追求的，是置于本就经人工理想化过的古典山水画中，而所对抗的，是当下现实中足以根本威胁到城市人群生命健康的自然污染。同样在国外，有如以希望建筑能像植物一样生长出来为概念的巴西 São Pau-lo 住宅、以有机的自给自足为概念的瑞典有机住宅 The Nature House Concept 等实践，其在材料上的环保应用、在技术上（如结合太阳能技术的玻璃、生物藻类光合反应器等）的开发等，则进一步反映出建筑与自然的结合取向在由自然人工化向人工自然化转变。

图 5.7　朝阳公园广场建筑群

资料来源：MAD Architects。

中国公共艺术演进历程与理路趋势分析

（一）公共艺术在中国的演进回顾

现代文明中事物的自我复制走向改变了人类文化的命运。我国对所谓公共艺术概念最初的认知恰好位于世界范围内由机械复制到数字复制的转型期间，并对国外的公共艺术作品持欢迎、引进与模仿的态度。这种态度源自公共艺术作品对于形式、风格、流派等问题的兼容度极强，以及作品在公共场所中以从前不具备的、更灵活和自由的姿态存在，更重要的是国外已有多个城市出台相关艺术政策条例确保运行。因此，我国对公共艺术的初识侧重对海量案例资源的获取，而不是对其得以在现代城市中存在、立足所依循的文化背景进行探究。

随着 20 世纪 90 年代以来国家宏观政策的导向与产业结构的调整，国内部分城市依托地域、产业资源优势率迈出城市建设的脚步，城市公共空间的数量持续增加。在强调效率与经济效益的时代，政府与艺术相关行业机构之间展开了以招投标、委托、订购等市场交易方式推动艺术项目在城市中的繁荣。其中部分城市项目采取了对标国内外知名项目作品的方式，从项目资金的配套、艺术委托模式的选择、专业评审小组的人员构成到作为中间方的委托机构等环节，均一定程度地吸取了国外的已有模式。在这中间，通过以艺术项目的形式连接政府、中间机构、艺术家与民众参与的链条，是对现代生活中艺术参与到城市日常运作中这块空白的填补。在这段城市建设的大跨步时期内，公共艺术项目所要求的艺术专业度也相应地提升，从与政府主管部门对接、接受委托、形成提案，到艺术创作、设计、加工、落地、安装各环节，艺术从业人员的专业范围和职业化要求在实践中进行完善。其中，较早地关注和参与到艺术项目中的高校学者、艺术家、设计师等人员从理论层面进行回应和总结，对艺术公共性与自身专业性之间的平衡、城市空间中的文化诠释、社会责任与导向、艺术立法与制度等方面均做以探究。同时，这些艺术行业内的专业人士在参与项目的过程中也拓宽了自身的职业道路，开始以项目或活动召集人、策展人、公司法人等身份进行社会活动。

经过一个阶段后的集中发展需对城市化水平与城市化速度再做以反思，随即公共艺术在学理建构上以及进入国内后的实践与发展前景问题也纷纷浮出水面，其一是对公共艺术概念进入中国后，随即拿来式应用的批判以及对这个当代艺术概念在现代社会中的基本维度的理解不足；其二是从现代公民社会和市民文化的角度去探求当代艺术与当代社会的关系；其三是在多元文化的社会语境中寻求艺术与民众产生联系的多种可能性，从日常生活中探索艺术在城市（乡）空间中与民众的互动或形成人群互动的潜在作用。就此，由公共艺术衍生出艺术对于人类社会多方面的介入。

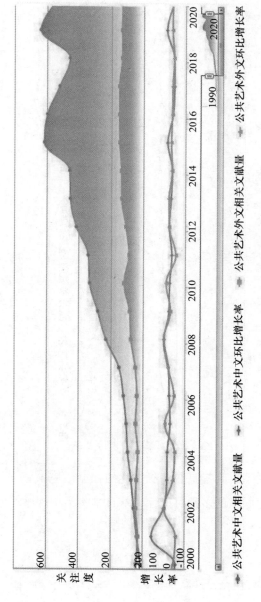

图 5.8　"公共艺术"学术关注度趋势，2000—2020 年

资料来源：中国知网。

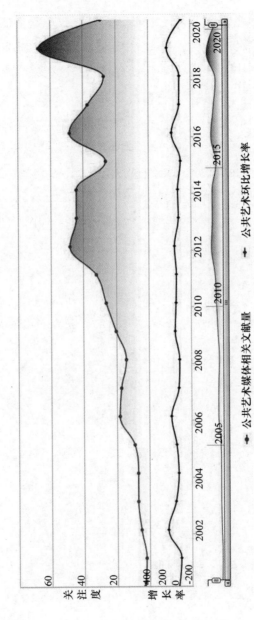

图 5.9 "公共艺术" 媒体关注度趋势, 2000—2020 年

资料来源：中国知网。

　　因此，"公共艺术"这个概念进入国内后是综合性的，它不仅在一定程度上形成了对先前城市雕塑、公共壁画、景观环境设计、建筑艺术等的承接与整合，并且将现代社会中艺术与社会文化、空间场域、媒介科技一系列命题的关联纳入一个超越学科或门类的范围中去，并且随当下世界的发展朝向多重理路趋势进行延伸。2004 年的《公共艺术在中国》学术研讨会距今仅仅过去不到 20 年，曾经就公共艺术的概念问题、艺术与公共性问题、公共艺术的功能问题、公共艺术的面向群体问题等进行探索的学者，其后以不同身份投身到了 20 世纪的前 20 年公共艺术在中国的机遇和发展中。然而，就如同 80 年代后期城市雕塑和公共壁画所经历过的城市中艺术项目、艺术作品的纷纷上马而出现的质量问题，国内的公共艺术也一度出现"解体"的论断。

　　总的来说，虽然公共艺术对于中国来说是个"舶来品"，但经过数十年的沉淀，在政策上，国家及各级政府已经开始给予相应的重视，[①] 在理论上，也有了一定的反思和发现。中国公共艺术的发展历程虽短，但由于特定时代下城市建设的需要，一度"订单不断"。然而同时，不论市场作何反应，公共艺术在形式上都不应是混沌式的、

---

　　① 2006 年建设部印发了全国城市雕塑建设指导委员会《关于城市雕塑建设工作的指导意见》的通知，指出"城市雕塑建设涉及公共艺术和公共环境等众多领域，城市雕塑建设规划编制要以城市总体规划为依据，吸收相关部门和专业人员参与，并与相关专项规划相协调"，首次在国家层面的政策中提及"公共艺术"。

爆发式的和浑水摸鱼式的。

（二）文献中的聚合与理路趋势

通过中国知网对"公共艺术"词条的指数分析，2000年后，篇名包含"公共艺术"的中文和外文文献量总体呈上升趋势，其中中文文献量在2005年后达到三位数并逐年稳定递增。2018年，篇名包含"公共艺术"的中文文献量为455篇，数量处于继2015年之后连续第三年的逐步下滑（然而在2019年的学术关注度再度上扬，2020年由于新冠疫情，"公共艺术"的相关线下活动减少，相应的媒体关注度也大幅减少）。同时有一个问题是，高校中以提高学生综合素质为目的的艺术教育课程"'公共'艺术教育"（General Art Education）和本书涉及的"公共艺术"（Public Art）概念在文献检索中有混淆现象，但从发文的学科分布上显示，后者的文献数量要远多于前者，这点在文献数量的统计上需要注意。

文献的主题和关注点可以侧面反映出所在年度公共艺术的热点议题，如：2000年初期谈21世纪中国雕塑的走向①、公共精神②、城市发展中的公共艺术理念③、什么是

---

① 范伟民、钱绍武、王熙民等：《新世纪中国雕塑的走向》，《雕塑》2001年第1期。

② 翁剑青：《公共艺术与公共精神》，《雕塑》2001年第1期。

③ 王中：《发展与回归——城市发展中的公共艺术理念》，《雕塑》2002年第4期。

公共艺术①、公共艺术纵论②这些宏观问题、概念问题到对具体城市为案例进行实践③、城市中公共艺术的具体应用④、与科技的交互发展⑤、与地域文化的思考⑥这些应用到中国的城市发展具体问题中。近 5 年，公共艺术的关注点接着发生转变，开始涉及社区问题⑦、老工业区改造⑧、乡村建设⑨，并且同时在反思这些过程中艺术是否起到应有的作用以及"公共艺术"一词是否遭到滥用（这点在文献搜索上也有体现，即有学者在题目中有意回避"公共艺术"一词）。

　　中国的公共艺术发展到当下，鉴于它是以现代社会为平台，在公共空间中存在并以参与公共事务、交流为价值取向而呈现艺术形态，故而其吸收、承接和整合了中国本已有之的部分艺术概念。而随着公共艺术进入政府机构的

---

①　孙振华：《什么是公共艺术》，《雕塑》2002 年第 4 期。

②　袁运甫：《公共艺术纵论》，《装饰》2003 年第 10 期。

③　杜宏武、唐敏：《城市公共艺术规划的探索与实践——以攀枝花市为例的研究》，《华中建筑》2007 年第 2 期。

④　崔冬晖：《北京地铁奥运支线、机场线的公共艺术》，《美术观察》2008 年第 11 期。

⑤　王峰、过伟敏：《数字化城市公共艺术交互性内涵研究》，《包装工程》2010 年第 24 期。

⑥　汪大伟：《地方重塑——公共艺术的永恒主题》，《装饰》2013 年第 9 期。

⑦　王洪义：《从街区到社区：新类型公共艺术的空间转移》，《公共艺术》2014 年第 5 期。

⑧　高雨辰：《城市文脉保护视野下的沈阳铁西老工业区公共艺术设计实证研究》，《设计》2017 年第 1 期。

⑨　吕品田：《慎待乡村》，《中国文化报》2019 年 3 月 20 日第 3 版。

政策文件中并取得"合法"地位后，其发展的同时不可避免地也在遭到滥用。此时，曾经向国内大力引进并推广公共艺术的部分学者，开始警惕并注意避免一味地陷入"公共艺术"这个标题本身，而是从具体的问题中去探索艺术的"生活介入""公众参与""生态问题""场域问题"等问题。

并且，近五年中对海外著作与实践的关注也是近乎即时性的，譬如数字媒介的应用（3D扫描、数字建模、虚拟现实等）、大数据下的艺术创作（数据可视化与展示等）这类新进的艺术与社会实践，我们对其的获取速度和途径也从书本著作转移到了网络自媒体中，这是一个不缺乏艺术观念的时代。

（三）对当代公共艺术内涵的几点反思

1. "艺术介入"的过度使用危机

与之前"公共艺术"（即public art概念进入并且经翻译之后最为通用的称谓）进入国内后所带来的一股热潮有相似之处，当下的"艺术介入"也可以用来指称诸多类别的艺术作品。只是，"艺术介入"在"公共艺术"的基础上，可操作的空间更大——在最初"公共艺术"集中指向城市公共场所的（城市雕塑、壁画等）艺术作品之后——"艺术介入"深入目前更受宏观政策和大众媒体关注的乡镇村这类空间中去。另外，相较之前城市中发生的一股"公共艺术"热潮所带来的潜在的审美疲劳隐患和指责，"艺术介入"使用一种引发润物细无声的动作想象来代替"公共艺术"这个频繁出现在人们眼前的标语（或被"标语化"的概念）。

"艺术介入"的过度使用体现在两个方面——物理空间和舆论空间中，也就是近 15 年来数量眼见地增加的"艺术介入城市""艺术介入乡镇""艺术介入社区"等模式，以及"产学研合作"模式随之而带来的论文产出和媒体通稿，二者之间形成了连带的关系。另外值得关注的是，因为这种"艺术介入"往往是方式的统称，如转向关注城市中社区的营建、历史街区的保护、工业遗址的改造等，这种方式的完成需要动作，也即实践起来，所以"艺术介入"从开始之初就是一种行动，虽然有时是激进的，有时是温和的。

当下"艺术介入"的目标和对象似乎有意地与"公共艺术"的所指范围拉开适当距离，但显然二者又无法划分出明确的界限。须知，"公共艺术"的内涵与形式同样在经历发展和转型，但囿于之前在大众媒体中已经比较固化的大型、三维的艺术作品的观念，让一部分业内学者和艺术家选择慎重地使用或者试图脱离这个语词。因此选择"艺术介入"既可以暂时摆脱了"公共艺术"的部分争议，又为艺术提供了看似更大的行动空间。

2. 严谨地看待"艺术介入"

一个与"艺术介入"可以形成对应的概念是"公众参与"。时代给予当下人较之前更多的自由，不论是时间还是空间维度上。当下在艺术的议题上，焦点越发朝具备参与、开放以及公共关怀性质的主题上发展，从而试图与之前僵化的、集权式的呈现方式拉开距离。同样，"公众参与"提供了一个温和的、充满平等主义和人文主义的潜在暗示，把公众提升到与艺术家、艺术作品同样重要的位置（甚至更为重要）。在"参与"的问题上，德国建筑师和批评家马库斯·米森质疑道："对参与一词越来越多的应用，在某些情况中，能看到一个意识形态的框架如何被演变成实践……参与这个字眼近来像当代政治中的'可持续性'一样成为被滥用的口号了，而这两个口号在'可持续发展社区'的概念中相遇了…由于过度使用，'参与'、'社区'和'可持续性'这些词都失去意义了……所谓参与经常只是安抚的权宜之策，而不是真正的改革过程。"显然，此处再次把主语替换成"艺术介入"也无违和。

"艺术介入乡村"目前已经成为一个现象和典型范式。广阔天地，大有作为，不论是就创作环境、创作条件还是艺术媒介的发展程度而言，乡村自然有其魅力吸引艺术家前往并激起他们的创作欲望。在响应国家实施乡村振兴战略的号召下，中国的"艺术介入乡村"开始有组织、有规模地展开，而这时日本的地域活化政策及其成果为中国乡村的前路提供了一个已经成型的模式作为可选范式。

近几年让艺术相关从业者趋之若鹜般前往取经的日本越后妻有大地艺术祭和濑户内国际艺术祭说明了"地方"

和"乡村"这类意向对艺术的巨大吸引力。越后妻有大地艺术祭从 2000 年开始举办，濑户内国际艺术祭则从2008 年开始举办，前者可以说是后者及后续本类型艺术活动的试金石（也普遍延续了 3 年展模式）。据笔者统计，日本国内这类以县为单位展开的大型艺术祭在 2015年后也呈井喷式出现，如茨城县北艺术祭、奥能登国际艺术祭、北阿尔卑斯国际艺术祭、奈良县大艺术祭等，也相继举办过 1—2 届。若全球没有遭遇新冠疫情的侵袭，预设中大众对这类艺术活动的参与热情会在 2020 年东京奥运会前后达到顶峰。

日本越后妻有大地艺术祭举办的初衷源于越后妻有所在地区的地域、气候等原因引发的少子化、老龄化以及随之而来的经济不景气问题。当时迫于农业产业不振、人口外流后继无人、少子老龄化及地区的财政压力，政府亟须在混沌中找出一条新活路，在收集到的各式企划案中基本都是"一次性活动"，没有长期的计划。能否可以透过艺术开创地方？以此声音为契机，"村镇革新计划"便以"越后妻有艺术构想"为题决定了发展方向。可以说越后妻有大地艺术祭的成功和收益启发了和它有着相同问题的地区，而其 20 年来的运营经验和历届的统计报告也为中国的艺术介入乡村提供了参考。

笔者认为，在吸取这类艺术祭的成功经验，或是从我国广大乡镇村当地特色出发探索自身道路时，需要"介入"但同时也要慎重"介入"。"包办婚姻""粉饰表象"

"自娱自乐""越俎代庖"等问题确已屡见不鲜。一些已经尝试去进行过"介入"活动的艺术家和理论家意识到了单凭几次考察、调研、与当地居民沟通后所形成的简单认识还远远无法触及"乡土中国"的文化根脉。但就像之前他们意识到城市建设热潮下各地公共艺术项目纷纷上马会带来弊病一样，这次他们依旧无法阻止这股浪潮的到来。

从国内目前发生在乡镇村或社区空间的一些艺术活动来看，"振兴"已成为目标，"活化"是现成的方式，并且它们可以共同组成一个完整的固定搭配来留存在文本之中。问题在于，当太多的"艺术介入"成为固定的模式时，它的执行者会疏于去继续思考和探索（不论理论层面还是实践层面），使"艺术介入"本身成为描述、批评、研究当下艺术能在中国社会所能发生作用的一个（逐渐变成唯一的）自带理论性光辉的词语。

媒体时代让人们足不出户就能遨游千里，这间接促生了一批"纸上的艺术小镇"和"网上的艺术街区"。或许观众无暇去思索一个"艺术介入"过程中来自艺术家、策展人、政府、艺术链上各单位的组织、深入住民的考察和游说、群众后援组织这些环节，更鲜有人去关注一个介入对象过程中可能发生过的变迁史阐释、废弃空间再利用等实际行动，又或许这些环节也在隐隐地被省略。

3. 公众在参与什么？

同时笔者认为，当我们欣喜地抓住一种理论良方并付诸实践时，亦要反思它的对立面。在艺术与生活越发贴近乃至融合的今天，个体究竟能实现多大范围的自由？公众究竟在参与什么？或者说，更值得警醒的一件事情是，当一帖良方看似真能包治百病时，我们会不再去朝向其他维度研究和发展。

对于中国当下的艺术来说，继续靠20世纪改革开放后引入并参考西方经典的或最新的艺术理论和艺术范式然后进行消化和改良的做法已经不是上策。当下中国的主流艺术正在从一度单一地服务于政治或集体的宏大叙事风格逐步转向日常生活领域，这背后与国家政治体制的改革、市场经济的介入、越发频繁的国际交往以及无孔不入地互联网普及息息相关。因此，在艺术领域，抑或是整个大众生活领域中，个体对媒介的运用自由一定程度上打破了之前中国与国际间的交流壁垒，使当下发生的艺术在整个世界范围内呈现"同时性"，每个从事"大众艺术生产"的个体与利用时代的便利性吸引"公众参与"的艺术家同时被纳入更大的场域中去进行艺术的生产、复制和传播。

艺术打破了以往的专业界限而被更多的人接受，如同格洛伊斯对应本雅明的"机械复制"所提出的"数字化复制"那样，"人人都是艺术家"的呐喊转变为"人人都是艺术作品"，艺术正蔓延到日常生活的每个角落。对应目前国内如火如荼般在进行着的涉及社区改造、老工业区改造、乡村建设、地域创新等的艺术活动，个别试点的成功也在被迅速地进行"数字化复制"。至此，大众艺术生产的社会底线在哪里？艺术参与的公信度又如何定义？以及，我们需要一个可以更加层层问责、多方监管以及公示透明的规则，和一种避免走向集体无意识的警惕精神。

 六　小结

1968 年，观念主义与极简主义艺术家罗伯特·巴里（Robert Barry）说道："多年以来，人们总关心什么是发生在框架之内的事情。也许，某件发生在框架之外的事情可以被当作一个艺术的想法。"半个世纪后，不论是艺术在其生发观念上的自由度、呈现手段上的灵活性，抑或是对艺术其意的解读与包容延展性，已大大突破 20 世纪 60 年代末所激进跨越的樊篱。或许，艺术进入了另一个尚不为人所觉察的更大和更隐藏的框架中。研究东亚都市生活、物质文化与日本历史的美国学者乔丹·桑德（Jordan Sand）观察到"在一个越来越多人对以社会或者政治为名展开的集会感到怀疑并觉得无用的时代里，特定地点和物品本质上的物质属性使得更广泛的公众可以围绕着它们而展开活动"，但这是否又会陷入另外一层"精心的策划"中？[①] 但是总体来说，多元化时代所带来的思想颠覆和技术手段使艺术的"新想法和新实践"增加了千千万

---

　　① ［美］乔丹·桑德：《本土东京——公共空间　在地历史　拾得艺术》，黄秋源译，清华大学出版社 2019 年版，第 218 页。

万条。

乔丹·桑德在《本土东京——公共空间　在地历史　拾得艺术》中用一个章节书写了东京的"谷根千"地区——20世纪80年代，三个原本不在同一个行政区划中的社区通过所在社区参与者（家庭主妇兼任编辑）创立的刊物《谷根千》而形成"谷根千"地域概念，其间在不借助任何政府政策援助的条件下，仅凭杂志在社区间的传播使三个社区的居民逐渐找到对本土地区的认同，最后形成的效应引来了政府与大学的关注，进而形成了一个由官方认定并扬名海外的东京本土游览地和历史再造项目。[①]"谷根千"的生成历史仿佛一个成功的模板，稍加本土化便能复制出一个可以与此对标的社区，这个模板中涵盖了恰到好处的基本要素：一定的地域历史感、充满人情的住宅与小商铺、投机与拆迁的外界胁迫、足够的群众基础和社区自治意愿、坚持印刷并形成了讨论空间的纸本刊物。"谷根千"不让人落入政治操控感之中，也有效回应了士绅化的质疑，它的群众基础与自发参与性是当下放眼世界都受到推崇的珍贵要素，但愿"谷根千"的成功是形成了一个引人向往并发人深省的旗帜，而不是一个可被批量复制的目标案例。

直至近年，曾经对当代社会、城市（乡村）空间和当代艺术等问题而提出的理论推演逐渐从学界的探讨延伸

[①]　［美］乔丹·桑德：《本土东京——公共空间　在地历史　拾得艺术》，黄秋源译，清华大学出版社2019年版，第218页，见此书第二章。

到广泛的社会实践当中，也即，或许在将近一个世纪之前被设想的公共命题终于发生在了公众的身边，有的甚至于之前还是在美术馆里的实验性作品，但现在却能被更广泛地接纳和认知了。过度的商品化使人感到困扰，但比起太过明显的政治导向操控，人们选择默认地回避并转向对平民话语权的争取、对生命健康的重视、对娱乐文化的追求以及对日常生活的关注，在这些领域中当代艺术都极大地发挥了其能动性，观念、策划、活动、作品，都高速地发展开来。

结　　论

　　艺术在首都北京这座城市的发展经历了一种节点式与波浪式的演变。自 1978 年至 2018 年的北京城市空间中，艺术的宏大叙事从未缺席，但同时亦在向日常生活层面蔓延。

　　其中演变具体表现为：1949 年至 1978 年期间，受新中国成立之初国家百废待兴之影响，各类艺术为了北京城市公共空间中有限的创作环境与创作机会进行竞争。静态的、大体量的、象征永恒性的作品与动态的、机械复制的、象征革命性的作品竞相进入城市空间，1978 年改革开放之后，为适应市场经济带动下全国城市化的发展潮流，在城市中承担着纪念、美化、美育功能的城市雕塑、公共壁画成为主导，但作品数量猛增的同时也暴露了缺乏统一的法规和监管机制下劣质作品的杂生。进入 20 世纪 90 年代后，公共艺术概念进入国内，亚运会、历史文化保护区试点、旧城改造等节点造就了公共艺术的创作热潮。2000 年后，基于北京申奥成功，城市（场馆）建设水平与社会整体文化素质（特别是市民审美）亟待提高，艺术的实践场所与介入深度不断加深。近年来，北京发展的脚步逐步从大刀阔斧的大拆大建向有机更新转型，城市更新背景下艺术以"小尺度"和"微改造"的方式介入，其内涵也从公共空间中的委托对象向与公众产生交流的、充满视觉活力的和人文关怀的艺术实践转变。

在对城市形貌、城市空间与艺术实践三者关系的辨析中，社会意识形态导向，市场经济体制宏观调控，城市管理重心下移，西方社会学"公共领域""空间生产"等概念及其批判思想的引入与碰撞以及当代公共艺术理论的建构和延展各方所进行的交织与博弈是本书研究的主干问题。同时，由此问题引发出的——城市空间中艺术的形式与形态嬗变、对传统学科界定壁垒的打破、向空间与人文维度的延展、浸入日常生活以及对日常物象的再发现、与非专业群体的互动、对人类生存与生活命题的回应等议题同时构成了本书较具特色的部分。以下将重点对此中问题进行总结。

第一，在新中国成立初期，北京的城市规划依照围绕国家意识形态内核而制定的范式进行，北京的城市演进伴随着对其旧都身份的审视和对其新时代风貌的塑造。在既定的城市公共空间中艺术一方面遵照宏大叙事与民族话语的导向对国家形象、首都形象进行修饰；一方面借助视觉图像的复制与传播成为革命武器，直接为政治主张服务。这种状态在1978年国家改革开放后发生转变，极易触动政治联想的街头艺术形态不再被官方认可，能与国际进行交流、能展示中国新面貌的艺术要求转而成为创作导向。被纳入社会公共事业体系的城市雕塑与公共壁画成为城市公共空间中艺术的主导模式，二者在"自由市场"的大环境下以工程的形式迅速蔓延到首都之外的国内大、中、小城市中去。

第二，资本成为决定城市艺术最终面貌的一项重要因素。国家层面由政府出资对艺术的公共赞助和大型企业对艺术的投资同时推动着艺术在城市中的实践。随时代的发展和全球文化互动，前者中艺术的纪念与美化指向通过城市管理职权重心下移逐步向民生与大众文化审美福利领域延伸，而后者则注重企业形象的提升和建筑周边环境的维护，其打造与订制的作品形成与前者面貌不同的艺术景观。

第三，经过深入研究我们看到，城市形貌、城市空间与艺术实践三者之间艺术转变的直接原因是北京城市发展的更迭，这种更迭背后是城市空间的转型。列斐伏尔的空间生产思想可涵盖社会生产力与生产关系的论述层面，也可延伸至社会群体的生活层面，他对"空间本身的生产"理念对本书研究北京城市空间中的艺术极有启发。由于北京作为国家首都的特殊性，决定了城市的发展受到政治权力的调配，因此艺术创作围绕塑造国家形象、美化首都环境、展现大国实力等主题展开。随着改革开放后经济转型的加速，资本的竞争力、创新力与掌握了专业话语权的知识精英加入与政治权力的联动介入中，打破了政治空间的单一表征。由于时代语境的改变，艺术创作类型及在空间中的呈现方式开始打破专业和类型化的樊篱。从西方引入的"公共艺术"概念拓展了城市雕塑、公共壁画、建筑等门类的实践，区域发展与社区重建有益于艺术的社会介入，但也容易使社区陷入士绅化和景观化弊病。

第四，国家改革开放带来的引介与吸收西方发达国家的技术、产品、理念及文化政策信息为艺术发展注入了新鲜血脉。"公共艺术"是20世纪80年代末期西方信息浪潮涌入的一个小小的缩影，但是其展现出的艺术介入城市的新的表现形式，以及其背后的一套西方国家对公共委托、文化福利和审美教育进行普及和规范的法律条例迅速吸引了国人的目光，这些新且洋的模式很快被稍加改造便实用于国内城市中去。20世纪90年代的北京正在进行一场适应时代的旧城改造与城市开发。在吸取了之前的"视觉污染"教训后，以公共艺术为代表的国外先进艺术观念影响着国内部分艺术家、业界学者和城市管理者，赋予了他们对艺术在城市中的新前景的一种基本想象。

第五，艺术活动在社会中的边界得到极大拓展，一极为国际化，是北京与国际艺术形成交流对话的窗口；一极为生活化，是区域范围内的非艺术界人员、在地居民等形成地域共识，以及艺术从民族化到民俗化视角的转向。公众的参与是艺术走向日常生活化的一个标识，但对艺术的参与中同样有格差的存在，审美差异之下潜藏的是空间差异，空间差异反映了社会中的等级和贫富差异。以及，暂时性艺术可看作对永久性与纪念性艺术的补充或悖反，其本质并不在于对历史遗迹的存留，因此这种暂时性本身不应构成对其没有艺术学意义上重要性的指摘。暂时性艺术与参与式艺术都可被视作当代艺术的表现形式，也应被视为当代社会与公众在日常生活中交流所需要的方式与社群文化政策。

　　城市空间中艺术的发生与发展在其所处时代中不断地在权力、资本与自身专业性之间做出平衡与取舍，其中三者的比重多寡与排列组合构成了北京城中艺术的不同景观。从宏大叙事向日常生活蔓延的艺术背后是政治与经济体制改革进程中社会走向多元化的外在呈现；是艺术实践向国际化和生活化两极拓展后构成的形态共振；同时也是公众参与一环被纳入城市发展考量后促进个体话语向公共话语转化，进而与官方话语进行对话和平衡的一次社会实践。

参考文献

中文著作

鲍诗度等:《城市公共艺术景观》,中国建筑工业出版社
　　2006年版。

北京市规划委员会、北京城市规划学会主编:《青铜史诗
　　中国人民抗日战争纪念雕塑园》,天津大学出版社2005
　　年版。

北京市规划委员会编:《北京奥运公共艺术论文集》,中
　　国城市出版社2006年版。

北京市规划委员会主编:《北京地铁公共艺术:1965—
　　2012》,中国建筑工业出版社2014年版。

北京市社会科学院"北京城区角落调查"课题组:《北京
　　城区角落调查 NO.1》,社会科学文献出版社2005
　　年版。

陈绳正:《城市雕塑艺术》,辽宁美术出版社1998年版。

杜大恺主编:《张仃百年诞辰纪念文集》,清华大学出版
　　社2017年版。

广州市城市建设咨询技术有限公司编：《"2006 年广州城市公共艺术——城市雕塑论坛"设计作品及论文集》，岭南美术出版社 2007 年版。

洪长泰：《地标：北京的空间政治》，牛津大学出版社（中国）有限公司 2011 年版。

胡金兆：《百年琉璃厂》，当代中国出版社 2006 年版。

黄有柱、雷礼锡主编：《城市公共艺术研究——环境美学国际论坛暨第七届亚洲艺术学会襄樊年会学术文献集》，武汉大学出版社 2014 年版。

靳埭强：《集·公共艺术教育论坛暨国际研讨会》，广西师范大学出版社 2009 年版。

刘礼宾：《现代雕塑的起源：民国时期现代雕塑研究》，河北美术出版社 2012 年版。

刘牧雨等总编：《北京改革开放 30 年研究：城市卷》，北京出版社 2008 年版。

盛杨：《20 世纪中国城市雕塑》，江西美术出版社 2001 年版。

时向东：《北京公共艺术研究》，学苑出版社 2006 年版。

孙振华：《公共艺术时代》，江苏美术出版社 2003 年版。

孙振华、鲁虹：《公共艺术在中国》，香港心源美术出版社 2004 年版。

孙振华：《中国当代雕塑史》，中国青年出版社 2018 年版。

滕守尧：《艺术社会学描述：走向过程的艺术与美学》，上海人民出版社 1987 年版。

王笛：《茶馆：成都的公共生活和微观世界，1900—1950》，社会科学文献出版社 2010 年版。

王笛：《跨出封闭的世界——长江上游区域社会研究（1644—1911）》，中华书局 2001 年版。

王亚男：《1900—1949 年北京的城市规划与建设研究》，东南大学出版社 2008 年版。

王中主编：《奥运文化与公共艺术》，湖北美术出版社 2009 年版。

翁剑青：《城市公共艺术：一种与公众社会互动的艺术及其化的阐释》，东南大学出版社 2004 年版。

翁剑青：《公共艺术的观念与取向：当代公共艺术文化及价值研究》，北京大学出版社 2002 年版。

翁剑青：《景观中的艺术》，北京大学出版社 2016 年版。

巫鸿：《物尽其用：老百姓的当代艺术》，上海人民出版社 2011 年版。

吴耘：《十年来宣传画选集》，上海人民出版社 1960 年版。

夏杏珍主编：《六十年国事纪要：文化卷》，湖南人民出版社 2009 年版。

宣祥鎏：《北京城市雕塑集》，中国文联出版公司 1992 年版。

杨文秀：《大跃进宣传画选辑》，上海人民出版社 1958 年版。

于化云：《雕塑北京——北京城市雕塑 55 年经典作品》，中国旅游出版社 2005 年版。

于美成等：《当代中国城市雕塑·建筑壁画：1978—2002》，上海书店出版社 2005 年版。

袁运甫:《有容乃大——论:公共艺术 装饰艺术 美术 与美术教育》,岭南美术出版社 2001 年版。

张仃:《中国现代美术全集:壁画》,辽宁美术出版社 1997 年版。

张润垲、张得蒂:《雕塑家看国外雕塑》,江西美术出版 社 1993 年版。

译文著作

[德] 鲍里斯·格洛伊斯:《艺术力》,杜可柯、胡新宇 译,吉林出版集团股份有限公司 2016 年版。

[德] 鲍里斯·格洛伊斯:《走向公众》,苏伟、李同良 译,金城出版社 2012 年版。

[德] 尤尔根·哈贝马斯:《公共领域的结构转型》,曹卫 东等译,学林出版社 1999 年版。

[法] 保罗·安德鲁:《保罗·安德鲁建筑回忆录——创 造,在艺术与科学之间》,周冉等译,中信出版社 2015 年版。

[法] 亨利·列斐伏尔:《空间与政治》,李春译,上海人 民出版社 2015 年版。

[法] 居伊·德波:《景观社会》,王昭风译,南京大学出 版社 2006 年版。

[法] 卡特琳·格鲁:《艺术介入空间:都会里的艺术创 作》,姚孟吟译,广西师范大学出版社 2005 年版。

[法] 伊夫·米肖:《当代艺术的危机——乌托邦的终结》,

王名南译，北京大学出版社 2013 年版。

［美］W. J. T. 米切尔编：《风景与权力》，杨丽、万信琼译，译林出版社 2014 年版。

［美］哈莉·西奈：《美国公共艺术评论》，慕心译，台北：远流出版事业股份有限公司 1999 年版。

［美］汉娜·阿伦特：《人的境况》，王寅丽译，上海世纪出版集团 2009 年版。

［美］简·雅各布斯：《美国大城市的死与生》，金衡山译，译林出版社 2005 年版。

［美］刘易斯·芒福德：《城市发展史——起源、演变和前景》，宋俊岭、倪文彦译，中国建筑工业出版社 2005 年版。

［美］露西·利帕德：《六年：1966 至 1972 年艺术的去物质化》，缪子衿等译，中国民族摄影艺术出版社 2018 年版。

［美］罗莎琳德·克劳斯：《现代雕塑的变迁》，柯乔、吴彦译，中国民族摄影艺术出版社 2017 年版。

［美］迈耶·夏皮罗：《绘画中的世界观》，高薪译，南京大学出版社 2020 年版。

［美］帕克·R. E.：《城市社会学：芝加哥学派城市研究文集》，宋俊岭、郑也夫译，商务印书馆 2012 年版。

［美］乔丹·桑德：《本土东京——公共空间 在地历史拾得艺术》，黄秋源译，清华大学出版社 2019 年版。

［美］苏珊·蕾西：《量绘形貌：新类型公共艺术》，吴玛

俐等译，台北：远流出版事业股份有限公司 1995 年版。

［美］维托尔德·雷布琴斯基：《嬗变的大都市——关于城市的一些观念》，叶齐茂、倪晓晖译，商务印书馆 2016 年版。

［日］芦原义信：《街道的美学》，尹培桐译，百花文艺出版社 2006 年版。

［英］哈维：《叛逆的城市：从城市权利到城市革命》，叶齐茂译，商务印书馆 2014 年版。

［英］路易莎·巴克、［英］丹尼尔·麦克林：《当代艺术委托创作指南》，李丹莉、杭海宁译，北京美术摄影出版社 2019 年版。

［英］曼努尔·卡斯特：《信息时代三部曲：经济、社会与文化》，夏铸九、王志弘译，社会科学文献出版社 2003 年版。

［英］约翰·厄里、［英］乔纳斯·拉森：《游客的凝视》，黄宛瑜译，格致出版社 2016 年版。

中文期刊文章

《促进宣传画创作的更大发展——十年宣传画展览会座谈会》，《美术》1960 年第 2 期。

冯原：《空间政治与公共艺术的生产》，《美术观察》2003 年第 7 期。

付雷、公伟：《"社区艺术"在住区公共空间中的应用研究——以北京回龙观社区为例》，《设计》2018 年第

17 期。

金元浦：《奥林匹克运动与城市公共艺术》，《艺术评论》
2012 年第 9 期。

李建盛：《北京公共艺术与首都城市文化建设》，《北京联
合大学学报》（人文社会科学版）2014 年第 2 期。

刘文杰：《法兰克福学派意识形态批判语境中的公共艺术
考察》，《美术观察》2003 年第 7 期。

［美］帕特里夏·C. 菲利普斯、夏娃：《暂时性和公共艺
术》，《创意与设计》2010 年第 3 期。

阮仪三、孙萌：《我国历史街区保护与规划的若干问题研
究》，《城市规划》2001 年第 10 期。

孙景波：《北京壁画 60 年——兴亡继绝，走向复兴的历
程》，《美术》2012 年第 2 期。

翁剑青：《当代中国"城市雕塑"形态及问题之探讨——
关于城市公共空间文化的解读》，《公共艺术》2011 年
第 2 期。

翁剑青：《公共艺术的社会方式与文化反思》，《雕塑》
2008 年第 4 期。

翁剑青：《走向景观与生活的雕塑》，《雕塑》2014 年第
4 期。

吴军：《文化场景营造与城市发展动力培育研究——基于
北京三个案例的比较分析》，《中国文化产业评论》
2019 年第 1 期。

吴军、夏建中、［美］特里·克拉克：《场景理论与城市

发展——芝加哥学派城市研究新理论范式》,《中国名城》2013 年第 12 期。

武定宇:《北京地铁公共艺术的探索性实践——"北京·记忆"公共艺术计划的创作思考》,《装饰》2015 年第 1 期。

殷平:《北京城市雕塑规划管理探讨》,《城乡建设》2001 年第 8 期。

于化云、殷平:《北京城市雕塑的现状与展望》,《北京规划建设》1999 年第 4 期。

袁荷、武定宇:《借力生长:中国公共艺术政策的发展与演变》,《装饰》2015 年第 11 期。

赵志荣、黄晰、刘阳、汪广龙、许兰兰:《国际学术期刊上的中国城市研究:2000 年—2012 年》,《公共行政评论》2013 年第 1 期。

周成璐:《社会学视角下的公共艺术》,《上海大学学报》(社会科学版)2005 年第 4 期。

[德] J. 哈贝马斯:《关于公共领域问题的答问》,《社会学研究》1999 年第 3 期。

中文博硕士学位论文

曹盼宫:《Loft 文化在旧厂区改造再利用中的应用研究》,硕士学位论文,西安建筑科技大学,2007 年。

鲁宁:《建国十七年宣传画研究》,博士学位论文,中央美术学院,2017 年。

彭楠：《北京地铁壁画考察研究》，硕士学位论文，北京服装学院，2012 年。

戚家海：《体制与创作》，硕士学位论文，中央美术学院，2010 年。

祁玉贺：《北京雕塑公园考察研究》，硕士学位论文，北京服装学院，2013 年。

王岩松：《媒介多元介入的壁画形态研究》，博士学位论文，上海大学，2017 年。

武定宇：《演变与建构——1949 年以来的中国公共艺术发展历程研究》，博士学位论文，中国艺术研究院，2017 年。

周成璐：《公共艺术的社会学研究》，博士学位论文，上海大学，2010 年。

卓媛媛：《北京老旧社区人文景观环境建设研究》，硕士学位论文，北京建筑大学，2017 年。

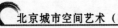 英文著作

Contreras, B. R., *The New Deal Treasury Department Art Programs and the American Artist, 1933 to 1943*, American University, 1967.

Contreras, B. R., *Tradition and Innovation in New Deal Art*, Bucknell University Press; Associated University Presses, 1984.

Finkelpearl, T., *Dialogues in Public Art*, Mit Press, 2001.

Finkelpearl, T., *What we Made：Conversations on Art and*

Social Cooperation, Duke University Press, 2012.

Hayden, D. , *The Power of Place*: *Urban Landscapes as Public History*, MIT press, 1997.

Hofman, F. , Frock, C. L. , *Unexpected Art*: *Serendipitous Installations*, *Site-specific Works*, *and Surprising Interventions*, Chronicle Books, 2015.

Hung, W. , *Remaking Beijing*: *Tiananmen Square and the Creation of a Political Space*, Reaktion Books, 2005.

Jackson, S. , *Social Works*: *Performing Art*, *Supporting Publics*, Routledge, 2011.

Knight, C. K. , Senie, H. F. , *A Companion to Public Art*, A Companion to Public Art, 2016.

Markusen, A. , King, D. , *The Artistic Dividend*: *The Arts' Hidden Contributions to Regional Development*, Project on Regional and Industrial Economics, Humphrey Institute of Public Affairs, University of Minnesota, 2003.

McDonald, W. F. , *Federal Relief Administration and the Arts*: *Theorigins and Administrative History of the Arts Projects of the Works Progress Administration*, Ohio State University Press, 1969.

Mitchell, W. T. (ed.), *Art and the Public Sphere*, Chicago: Universityof Chicago Press, 1992.

Mulcahy, K. V. , Wyszomirski, M. J. , *America's Commitment to Culture*: *Government and the Arts*, Westview Pr. , 1995.

O'Connor, Francis V. , ed. , *Art for the Millions: Essays from the 1930s by Artists and Administrators of the W (orks) P (rogress) A (dministration) Project*, New York Graphic Soc. , 1973.

Senie, H. , *Critical Issues in Public Art: Content, Context, and Controversy*, Smithsonian Institution, 2014.

英文期刊文章

Ashford, D. , Ewald, W. , Felshin, N. , et al. , "A Conversation on Social Collaboration", *Art Journal*, 2006, 65 (2) .

Balfe, J. H. , Wyszomirski, M. J. , "Public Art and Public Policy", *Journal of Arts Management and Law*, 1986, 15 (4) .

Linker, K. , "Public Sculpture: The Pursuit of the Pleasurable and Profitable Paradise", *Artforum*, 1981, 19 (7) .

McClellan A. , Senie, H. F. , "Reframing Public Art: Audience Use, Interpretation, and Appreciation", *Art and its Publics: Museum Studies at the Millennium*, 2008.

Mitchell, W. J. T. , "The Violence of Public Art: \ 'Do the Right Thing \ '", *Critical Inquiry*, 1990, 16 (4) .

O'Connor, R. B. F. V. , "American Art | | Fifty Years of Government versus Art", *Art Journal*, 1984, 44 (4) .

Phillips, P. C. , "Temporality and Public Art", *Art Journal*, 1989, 48 (4) .

Savage, K. , "The Self-Made Monument: George Washington and the Fight to Erect a National Memorial", *Winterthur Portfolio*, 1987, 22（4）.

日文著作

鶴見俊輔（1967）『限界芸術論』,勁草書房.

竹田直樹（1995）『日本のパブリック・アート』,誠文堂新光社.

杉村荘吉（1995）『パブリックアートが街を語る』,東洋経済新報社.

南條史生（1997）『美術から都市へ：インディペンデント・キュレーター15年の軌跡』,鹿島出版会.

竹田直樹（2001）『アートを開く：パブリックアートの新展開』,公人の友社.

樋口正一郎（2013）『アジアの現代都市紀行：変貌する都市と建築』,鹿島出版会.

北川フラム（2015）『ひらく美術：地域と人間のつながりを取り戻す』,筑摩書房.

藤田直哉編著（2016）『地域アート：美学/制度/日本』,堀之内出版.

竹内平蔵・南條史生（2016）『アートと社会』,東京書籍.

日文期刊文章

南條史生（1992）「アートがつくる公共空間」,『掲載誌 SD：Space design：スペースデザイン』、339

（83）.

都市環境デザイン会議事務局（1994）「特集・パブリックアート」,『都市環境デザイン会議』、19（1）.

秋葉美知子（1998）「パブリックアート概念の整理―建設的なパブリックアート議論のために」,『デザイン学研究』、45（4）.

橋本忠和（2012）「日本における環境芸術と地域社会の関係性の変遷に関する一考察」,『環境芸術：環境芸術学会学会誌』、11（11）.

附　　录

笔者在公共艺术理论研究过程中参与完成的访谈

采访时间	采访地点	采访嘉宾	采访主要问题
2015.5	中央美术学院中国公共艺术研究中心	邹文（清华大学美术学院教授）	中国公共艺术发展与传播、国家话语下的公共艺术发展进程等问题
2015.6	北大科技园创新中心	俞孔坚（北京大学建筑与景观设计学院教授）	公共艺术概念、景观设计与公共艺术理念等问题
2015.6	中央美术学院7号楼	常志刚（中央美术学院建筑学院教授）	建筑与公共艺术之间的联系与区别、如何处理向西方学习和实现本土化等问题
2015.6	中国美术馆设计部办公室	景育民（天津美术学院公共艺术学院教授）	城市雕塑与公共艺术之间的关系、艺术作品对城市公共空间的影响等问题
2015.6	中国美术馆设计部办公室	黎明（原广州美术学院院长）	公共艺术概念、高校公共艺术专业教育等问题

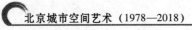

北京城市空间艺术（1978—2018）

续表

采访时间	采访地点	采访嘉宾	采访主要问题
2015.6	华侨饭店	王学站、刘天府、林巍、殷小烽（长春市城市雕塑学会理事长、长春市规划局副局长、长春市城市雕塑规划管理办公室副主任、东北师范大学教授）	长春雕塑公园发展历程、城市管理角度下对公共艺术立法可行性的看待等问题
2015.7	中央美术学院1号楼	殷双喜（中央美术学院人文学院教授）	纪念性雕塑的发展历程、中央美院公共艺术专业发展等问题
2015.7	崇文门新世界中心办公楼	米洁（《20世纪中国城市雕塑》执行主编）	《20世纪中国城市雕塑》成书始末
2015.7	恭俭胡同39号	张宇（汕头大学长江艺术与设计学院教授）	汕头大学长江艺术与设计学院公共艺术专业发展等问题
2015.8	中国社会科学院图书馆	刘悦笛（中国社科院哲学研究所副研究员）	中国当下语境中的公共艺术发展、立法等问题
2015.8	北京市建筑设计研究院	马国馨（北京市建筑设计研究院有限公司顾问总建筑师）	建筑与城市雕塑的关系、建筑师艺术家雕塑家之间的跨界合作等问题
2015.8	清华大学美术学院	何洁（清华大学美术学院教授）	平面设计、视觉艺术与公共艺术的关系等问题
2015.9	中央美术学院中国公共艺术研究中心	王中（中央美术学院城市设计学院教授）	中央美院公共艺术专业发展、中国地铁公共艺术发展等问题

续表

采访时间	采访地点	采访嘉宾	采访主要问题
2015.9	中央美术学院7号楼	许平(中央美术学院设计学院教授)	现代设计与公共艺术的关系等问题
2015.11	中央美术学院6号楼	吕品昌(中央美术学院造型学院教授)	雕塑与公共艺术的关系等问题
2015.11	书面采访	王洪义(上海大学美术学院教授)	《公共艺术》杂志的理念、定位与评价体系等问题
2015.11	中央美术学院中国公共艺术研究中心	宋伟光(《雕塑》杂志执行主编)	《雕塑》杂志的主张和定位等问题
2015.12	清华大学美术学院	方晓风(清华大学美术学院教授)	《装饰》杂志的主张和定位等问题

后　记

　　至此，本书在篇幅上将暂告一段落。从勃勃的写作雄心起，到规矩地体例修改止。这段文字写在本书最后，也完整地为本书画上一个句号。就城市空间艺术的议题，可对过往种种进行梳理与研判，亦可基于大量经验性工作提出合理预测，唯独不能妄下某种断言，因为当下艺术已蔓延至城市空间的各个角落，城市与艺术共生，而非城市定义艺术。

　　本书对一个时间段内北京城市空间艺术的理解仅仅是管中窥豹，一方面力有不逮，很多思维的触角难以全部付诸纸面；一方面心中仍觉不甘，如我们所大谈特谈的城市空间与城市空间艺术在当下、在未来与其受众的关系将如何处理并能相对达成一致，城市空间中具体人群对艺术的具体认知究竟为何，以上所抛出的问题能否借助如基于交叉学科的大数据计算技术及数据分析技术进行研究讨论，还有哪些方法可以援引并实际发生作用，等等，很多问题在本书成型后仍困扰着我，很多研究方法与大量待做工作也督促我继续在这个领域完成一些事情。

可以说，本书的选题、结构、观念、结论等皆来自过去十年中我与外部世界的相遇与相交。这些经验凝聚成为这本小书。虽然这本小书仍有大量不足，但我想它是一个标记，一个刻度，记录我由此迈出了本领域综合性研究的第一步。在此，再次感谢北京大学，感谢重庆邮电大学，感谢中国社会科学出版社，它们是这本小书的见证者、支持者和出版者。最后，感谢我的导师翁剑青先生，感谢我的父母家人，我的爱人，我的猫咪，感谢！

李小川

2023 年 9 月于重庆